WERKSTATTBÜCHER

FÜR BETRIEBSBEAMTE, KONSTRUKTEURE UND FACHARBEITER
HERAUSGEGEBEN VON DR.-ING. H. HAAKE, HAMBURG

Jedes Heft 50—70 Seiten stark, mit zahlreichen Textabbildungen

---

Die Werkstattbücher behandeln das Gesamtgebiet der Werkstatts technik in kurzen selbständigen Einzeldarstellungen; anerkannte Fachleute und tüchtige Praktiker bieten hier das Beste aus ihrem Arbeitsfeld, um ihre Fachgenossen schnell und gründlich in die Betriebspraxis einzuführen.

Die Werkstattbücher stehen wissenschaftlich und betriebstechnisch auf der Höhe, sind dabei aber im besten Sinne gemeinverständlich, so daß alle im Betrieb und auch im Büro Tätigen, vom vorwärtsstrebenden Facharbeiter bis zum leitenden Ingenieur, Nutzen aus ihnen ziehen können.

Indem die Sammlung so den Einzelnen zu fördern sucht, wird sie dem Betrieb als Ganzem nutzen und damit auch der deutschen technischen Arbeit im Wettbewerb der Völker.

Einteilung der bisher erschienenen Hefte nach Fachgebieten

(Fortsetzung 3. Umschlagseite)

WERKSTATTBÜCHER

FÜR BETRIEBSBEAMTE, KONSTRUKTEURE UND FACH-
ARBEITER. HERAUSGEBER DR.-ING. H. HAAKE, HAMBURG

HEFT 66

Maschinenformerei

Von

Dipl.-Ing. Hans Allendorf

Zweite, neubearbeitete Auflage des vorher von

U. Lohse † bearbeiteten Heftes

(7. bis 12. Tausend)

Mit 137 Abbildungen im Text

Springer-Verlag

Berlin/Göttingen/Heidelberg

1950

ISBN 978-3-540-01515-4   ISBN 978-3-642-87418-5 (eBook)
DOI 10.1007/978-3-642-87418-5

Inhaltsverzeichnis.

Anmerkung: Bei den Abbildungen sind der Kürze wegen die vollständigen Namen der ausführenden Firmen nur einmal angegeben. Bei den Wiederholungen sind Abkürzungen gewählt, z. B. Badische Maschinenfabrik Durlach = BMD usw.

Einleitung.

Das Verdichten des Formsandes durch Handstampfen verlangt vom Former große Geschicklichkeit und Erfahrungen, verbunden mit körperlicher Anstrengung. Er muß der Gestalt des Modelles Rechnung tragen. Zu fest gehaltene Sandstellen müssen ebenso wie zu locker gestampfte vermieden werden, wenn man nicht Gefahr laufen will, daß der Abguß im ersten Falle durch Schülpen, im zweiten Falle durch Treiben unbrauchbar wird.

Mindestens eben dieselbe Geschicklichkeit verlangt das Herausziehen des Modelles aus dem Sande. Jede dadurch entstandene Beschädigung der Form muß ausgebessert werden, wozu man leider zu sehr von dem Wasserpinsel und den Formerstiften Gebrauch macht. Der Abguß verliert durch solche „Flickarbeiten" an Formschönheit und Genauigkeit, wenn er nicht bei der mechanischen Bearbeitung noch als Ausschuß verworfen werden muß.

Bekanntlich soll der Formsand am Modell am dichtesten sein und nach dem Rücken zu allmählich lockerer werden. Auf diese Weise wäre eine einwandfreie Entgasung der Form während des Gießens und somit auch ein einwandfreier Abguß mit glatter Oberfläche gewährleistet. Dieser Idealfall ist natürlich nicht zu erreichen. Allein schon durch die auftretende Ermüdung des Formers werden die im Laufe eines Tages hergestellten Formen verschieden verdichtet sein, was in ungenügender Maßhaltigkeit und verschiedenen Gewichten der Abgüsse von ein- und demselben Modell zum Ausdruck kommt. Besonders von austauschbaren Massenteilen wie die der Elektroindustrie wird verlangt, daß die nach demselben Modell hergestellten Gußstücke in ihren Abmessungen und Gewichten innerhalb sehr geringer Grenzen liegen.

Um also einerseits die obigen Mängel zu beheben und andererseits die Forderungen der Industrie nach maß- und gewichthaltigen Abgüssen zu erfüllen, mußten das Verdichten des Sandes und das Herausheben des Modelles aus der Form maschinell erfolgen.

Als Vorläufer der Formmaschinen können die Formbretter gelten, wie wir sie noch heute in der Handformerei vorfinden: kräftige Holzplatten mit darauf befestigten Modellhälften, Eingußgraben mit Anschnitten und Kastenführungen. Mit Hilfe dieser primitiven Modellplatten stellte der Formermeister FRANKENFELD 1827 auf dem Eisenwerk Rothe Hütte im Harz die Ofenplatten, Türrahmen und Türen zu den damals sehr beliebten eisernen Öfen her. Das saubere Herausziehen der Modelle aus der gestampften Form war also gewährleistet. Aber bis zur neuzeitlichen Formmaschine war noch ein weiter Weg. Er war gekennzeichnet durch die mehr und mehr eintretenden Voraussetzungen für Massenerzeugung und die steigenden Ansprüche an Güte und Sauberkeit der Gußstücke. Als Großverbraucher sei die Eisenbahn erwähnt, die in Riesenmengen Bremsklötze und Achslager benötigt. Ferner sei an die Textilmaschinen-, Haushaltsmaschinen- und Heizungsindustrie erinnert. Ganz besondere Anforderungen aber dürften die Automobil- und Flugzeugindustrie an den Formmaschinenkonstrukteur gestellt haben, die nicht nur zahlreiche und maßhaltige Abgüsse, sondern auch dünnwandige und kernreiche Gußstücke verlangten, mit zum Teil nur ganz geringen Bearbeitungs-

---

Anmerkung: Die erste Auflage dieses Werkstattbuches ist 1938 erschienen.

zugaben zum Schleifen in der mechanischen Werkstatt. Die dadurch gemachten Einsparungen an Bearbeitungslöhnen, an verspantem Material und teuren Hartmetallen sind — im ganzen gesehen — ganz gewaltig. Hieraus allein schon kann man die Wichtigkeit eines leistungsfähigen Modellbaues und die Unentbehrlichkeit einer genau arbeitenden Formmaschine erkennen. Außerdem hat die Einführung der Fließarbeit in den Gießereien einen starken Einfluß auf den Formmaschinenbau ausgeübt, weil ohne die gleichmäßig arbeitende Maschinenformerei der Gleichtakt der Fließstrecke nicht eingehalten werden kann.

Einen weiteren Anlaß zur Fortentwicklung der Formmaschine gab schließlich der immer stärker fühlbar werdende Mangel an Facharbeitern. Es blieb also nichts anderes übrig als die Maschinenformerei derartig zu vervollkommnen, daß der Ausfall an gelernten Formern durch angelernte Maschinenformer ausgeglichen werden konnte.

Die Mechanisierung der Formerei begann etwa um die Jahrhundertwende. Heute dürfte auch die kleine Kundengießerei mindestens über einige Formmaschinen für Handstampfung verfügen.

Die Entwicklung der Formmaschine ging verhältnismäßig langsam vor sich. Der erste Arbeitsgang, den man mit ihrer Hilfe dem Former abnahm, war das Ausheben des Modelles aus der Form. Die stark ermüdende und zeitraubende Arbeit des Stampfens wurde nach wie vor beibehalten und ist heute noch in vielen Gießereien anzutreffen. Erst nach Einführung der Preßluft bzw. des Druckwassers wurde auch das Verdichten des Sandes durch Pressen und Rütteln ersetzt. Das Mechanisieren auch dieser Handgriffe gestaltete die Formmaschine zu einer hochbeanspruchten Werkzeugmaschine. Es entstanden zahlreiche Einzelbauarten, und es war zu begrüßen, daß auch auf diesem Gebiete in letzter Zeit eine Typenbereinigung vorgenommen werden mußte.

I. Baugrundlagen der Formmaschinen.

Wie in der Einleitung bereits erwähnt ist die Formmaschine eine Werkzeugmaschine, für den Maschinenformer *das* Hilfsmittel, wie für den Dreher die Drehbank oder für den Schlosser die Bohrmaschine. Sie hat also auch dieselbe Pflege und Wartung zu beanspruchen, zumal sie unter viel schwierigeren und materialzerstörenden Verhältnissen zu arbeiten hat. Leider findet man bei den Maschinenformern hierfür nur wenig Verständnis.

Ebenso wie der Maschinenbauer die Wahl seiner Werkzeugmaschine dem zu bearbeitenden Werkstück anpaßt, wobei er auch nicht die wirtschaftliche Fertigung außer acht lassen darf, genau so kann eine Formmaschine ihre Aufgabe nur dann erfüllen, wenn sie in ihrem Aufbau dem zu formenden Gußstück entspricht. Jeder Versuch, Maschinen zu bauen, auf denen sich niedrige und hohe, oder auch sperrige und gedrungene Modelle verschiedener Abmessungen in gleicher Güte formen lassen, ist bis jetzt gescheitert. Sein Gelingen ist um so unwahrscheinlicher, als man in Zukunft gezwungen sein wird, noch mehr als bisher auf Wirtschaftlichkeit bedacht zu sein. Es müssen sowohl die Vorrichtungen zum Verdichten des Sandes als auch zum Trennen von Modell und Form jeweils dem zu benutzenden Modell angepaßt werden, wobei natürlich eine Einstellbarkeit auf verschiedene Kastengrößen und Modellhöhen innerhalb gewisser Grenzen möglich und sogar wünschenswert ist.

A. Verdichten des Sandes.

Von den zu mechanisierenden Handgriffen des Handformers dürfte das mechanische Verdichten des Sandes am schwierigsten sein. Denn es handelt sich bei diesem Vorgang um den Ersatz des durch lange Übung erworbenen Gefühles des Formers für Stärke und Richtung der Stampferstöße, die zu einer gießgerechten Verdichtung der Form führen. Ihm ist es möglich, nicht nur waagerechte Modellflächen gut einzustampfen, sondern auch schräge und senkrechte, indem er seinem Stampfer die entsprechende Richtung gibt. Man muß daher beim mechanischen Verdichten gewisse Zugeständnisse machen, und es ist auch gelungen, nötigenfalls durch Vereinigen verschiedener Verdichtungsverfahren in derselben Maschine gießtechnisch einwandfreie Formen auf mechanischem Wege herzustellen, wenn die gewählte Sandverdichtungsart Gestalt und Größe des Modelles berücksichtigt.

1. Mechanisches Stampfen. Es lag natürlich der Gedanke nahe, die von Hand bewegten Stampfer durch mechanische zu ersetzen. Derartige Preßluftstampfer werden in der Großstückformerei und in der Maschinenformerei in Form kleiner Bankstampfer verwendet. Aber hier ist die Verwendungsmöglichkeit begrenzt, weil viel Geschicklichkeit dazu gehört, den Stampfer so zu führen, daß der Sand vorschriftsmäßig verdichtet wird. In Abb. 1 ist die Sandform einer Stufenscheibe wiedergegeben, die mit Hand aufgestampft worden ist.

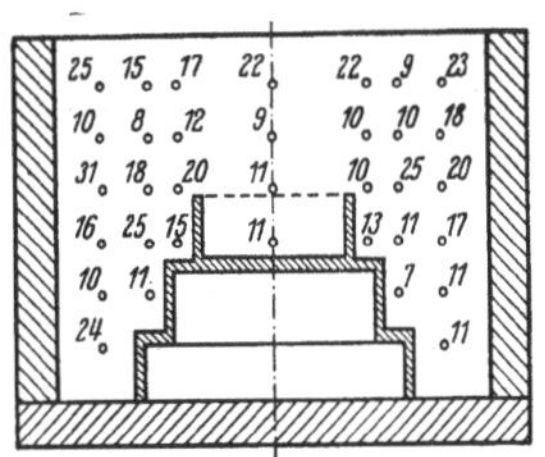

Die eingetragenen Zahlen bedeuten die Dichtewerte des Sandes und lassen deutlich die ungleichmäßige Verteilung erkennen. Hier wird zahlenmäßig belegt, was eingangs erwähnt wurde, daß nämlich lockere und feste Stellen unmittelbar nebeneinander liegen. Die Zahlenwerte besagen, daß der Kugeleindruck des Dichteprüfers um so tiefer ist, je lockerer der Sand ist. Je höher also die Zahlenwerte, desto weicher die Sandstelle. Eine nachlässige Handhabung des Preßluftstampfers kann außerdem eine Beschädigung des Modelles zur Folge

Abb. 1. Sanddichte bei einer handgestampften Form.

haben. Man kann jedoch den Preßluftstampfer zum Flachstampfen größerer Kästen bei Wendeplattenformmaschinen mit Handstampfung vorteilhaft anwenden.

In der Hauptsache beschränkt sich das mechanische Stampfen auf Rohrformen, wobei ein senkrecht auf- und abbewegter Ring entsprechenden Durchmessers mit elastisch eingebauten Einzelstampfern verwendet wird (vgl. Abschn. 59). Bis auf solche ganz wenige Ausnahmen hat man also diesen Weg aufgegeben und Arbeitsgänge entwickelt, die mit einfachen Vorrichtungen unter Verwendung von leicht zu erzeugenden geradlinigen oder kreisförmigen Bewegungen durchführbar sind. Je nach Modellart und -größe kennt man heute drei verschiedene mechanische Sandverdichtungsverfahren: Pressen, Rütteln und Schleudern.

2. Das Pressen (Abb. 2) ist das älteste und einfachste Verdichtungsverfahren. Bei ihm wird durch Getriebe oder Preßluftkolben ein Klotz a von oben nach unten bewegt. Er drückt auf den Rücken der Sandform, der so am stärksten verdichtet wird. Man kann aber auch die Form nach oben gegen einen festen Preßklotz drücken (Abb. 24). Dann ist die Sanddichte an der Modellplatte am stärksten, was gießtechnisch richtig ist (vgl. Abschn. 6). Nach dem Pressen nimmt der Sand einen geringeren Raum

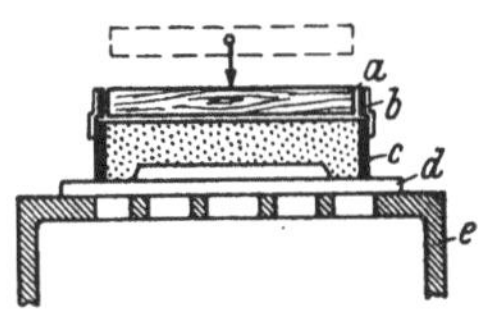

Abb. 2. Preßvorgang.
a = Preßplatte; b = Sandfüllrahmen; c = Formkasten; d = Modellplatte; e = Formtisch.

ein als vorher; durch Aufsetzen eines Füllrahmens b auf den Formkasten c muß daher das über der Modellplatte d eingebrachte Sandvolumen künstlich vergrößert werden. Von der Höhe dieses Füllrahmens hängt die Stärke der Sandverdichtung ab. Sie muß also den Kasten- und Modellinhalten entsprechend gewählt werden. Nur bei kleinen flachen Modellen kann man die Modellinhalte unberücksichtigt lassen.

Der Vorgang des Pressens wurde mit derselben Versuchseinrichtung wie oben zahlenmäßig ermittelt (Abb. 3). Die Versuchswerte lassen deutlich erkennen, daß der Sand um das Modell herum locker liegt und mit zunehmender Entfernung von der Modellplatte dichter wird. Innerhalb der einzelnen Prüfreihen ist eine verhältnismäßig gleichmäßige Zunahme der Dichte von unten nach oben feststellbar. Wir finden einwandfrei bestätigt, daß beim Pressen der Sand in der Nähe des Preßklotzes am festesten ist. In der Nähe der Modellplatte jedoch ist der Sand zu locker. Der Abguß würde nicht maßhaltig werden.

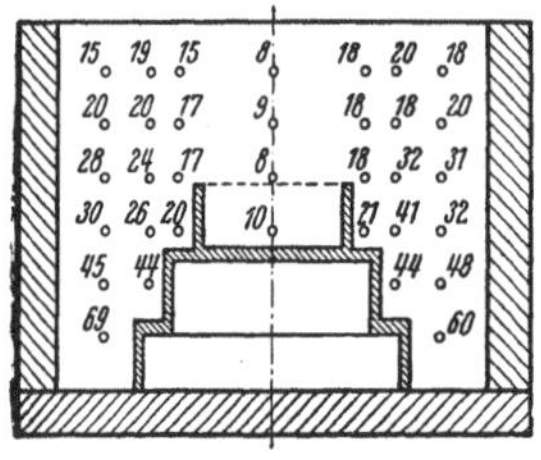

Abb. 3. Sanddichte bei einer gepreßten Form.

Aber auch die Sanddichte über der höchsten Stufe des Modelles würde einen unbrauchbaren Abguß liefern. Hier ist der Sand viel zu fest gepreßt. Es muß also etwas geschehen, um die Werte der Sanddichte in der Nähe der Modellplatte und über der höchsten Stufe der Durchschnittssanddichte anzugleichen. Hierfür kennt man mehrere Maßnahmen:

Zunächst muß dafür gesorgt werden, daß der eingefüllte Sand vor dem Pressen so verteilt wird, daß die Höhen h_1 bis h_4 gleich sind, wie in Abb. 4 dargestellt.

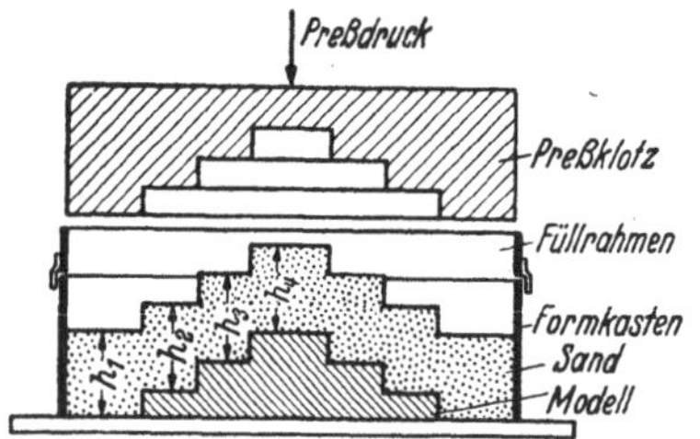

Abb. 4. Preßform für stark profilierte Modelle.

Ferner muß die Fläche des Preßklotzes, die in die Form eindringt, möglichst der Modelloberfläche entsprechend profiliert sein. Beide Maßnahmen lassen sich in der Praxis nur sehr schwer, oft überhaupt nicht durchführen. Man hilft sich deshalb beim Formen höherer Modelle dadurch, daß man mit einem dem Modellprofil mehr oder weniger angepaßten Klotz vorpreßt, um dann nach Aufgeben weiteren Formsandes mit einem ebenen Klotz nachzupressen. In unserem Beispiel würde der Former den Sand um die unterste Stufe des Modelles mit den Fingern gut andrücken, während er eine entsprechende Menge Sand über der höchsten Stufe entfernen müßte. Es ist oft erstaunlich, mit welcher Geschicklichkeit die geübten Maschinenformer derartige Kniffe anwenden.

Die Verwendung von profilierten und ebenen Preßklötzen verlängert allerdings die Dauer der Formherstellung. In Fällen jedoch, wo es sich beispielweise um monatelange Fließbandarbeit handelt, empfiehlt es sich, die profilierten Preßklötze sehr genau dem Profil des Modelles anzupassen und fest an den Preßholm der Maschine anzuschrauben.

Erfahrungsgemäß eignet sich das Pressen nur für flache Modelle nicht zu großer Abmessungen. Dabei soll eine Kastenhöhe von 200 mm nicht überschritten werden. Ein wirtschaftliches Abformen stark profilierter Modelle ist auf reinen Preßformmaschinen nicht gewährleistet.

3. Das Rütteln. Die Nachteile und Schwierigkeiten, die beim Verdichten höherer Formen mit verschiedenen Abständen der Modelloberflächen von der Formplattenebene durch Pressen auftreten, fallen beim Rüttelverfahren fort. Es wurde in Amerika 1906 durch HARRIS TABOR zuerst eingeführt und ist seit 1910 in Deutschland den heimischen Verhältnissen entsprechend selbständig weiterentwickelt worden (Abb. 5).

Die Modellplatte c wird auf dem Rütteltisch d befestigt, der Formkasten a daraufgesetzt und, wenn nötig, durch eine Vorrichtung b mit der Platte c verriegelt.

Nach Einfüllen des Sandes läßt man den Rütteltisch d meist durch einen Preßluftkolben anheben und ihn dann durch Öffnen des Luftauslasses im Rüttelzylinder frei auf die Stoßfläche e herunterfallen. Durch den Aufprall wird die Fallgeschwindigkeit plötzlich zu Null und die oberen Sandschichten, die sich dann noch in Bewegung befinden, drücken auf die darunterliegenden und verdichten sie. Der erste Stoß ist der wirksamste.

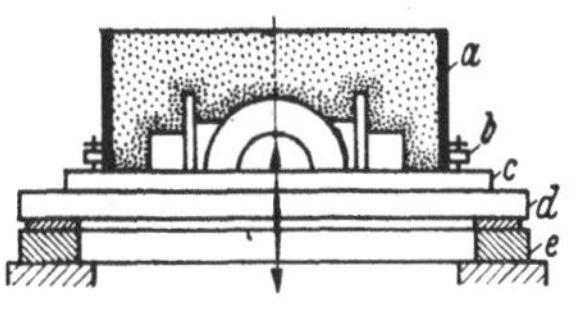

Abb. 5. Rüttelverfahren.

a = Formkasten; b = Verriegelung;
c = Modellplatte; d = Rütteltisch;
e = Stoßfläche.

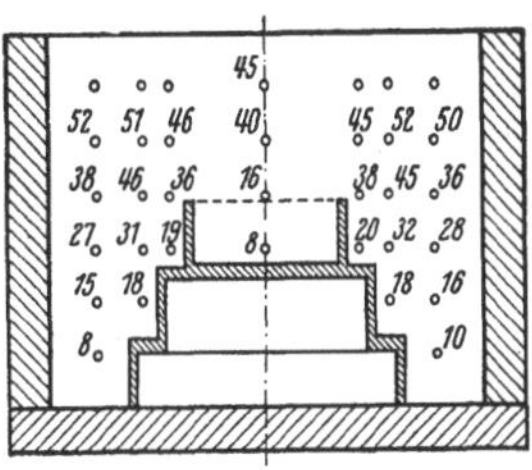

Abb. 6. Sanddichte bei einer gerüttelten Form.

Er verdichtet je nach der Hubhöhe eine 10 bis 20 mm starke Sandschicht. Mit zunehmender Verringerung der Höhe der oberen lockeren Schichten über den unteren verdichteten wird auch der Grad der Sanddichte nach dem Rücken der Form zu allmählich kleiner. Zur Ermittlung der Sanddichte einer gerüttelten Form wurde ebenfalls das Stufenscheibenmodell benutzt. Die Ergebnisse sind aus Abb. 6 zu ersehen.

Die Mittel-Werte für die Sanddichte sind in Abb. 7 graphisch dargestellt. Die Kurven bestätigen, was eingangs erwähnt wurde: Die größte Sanddichte beim Rütteln entsteht an der Modelloberfläche. Im Gegensatz zur Preßform ist sie am Rücken am lockersten und muß daher dort nachgestampft werden, damit der Sand beim Abheben und Wenden nicht herausfällt. So ergibt das Rüttelverfahren günstige Bedingungen für den Abzug der Gießgase. Wie das Pressen nur für Modellhöhen bis zu 200 mm in Frage kommt,

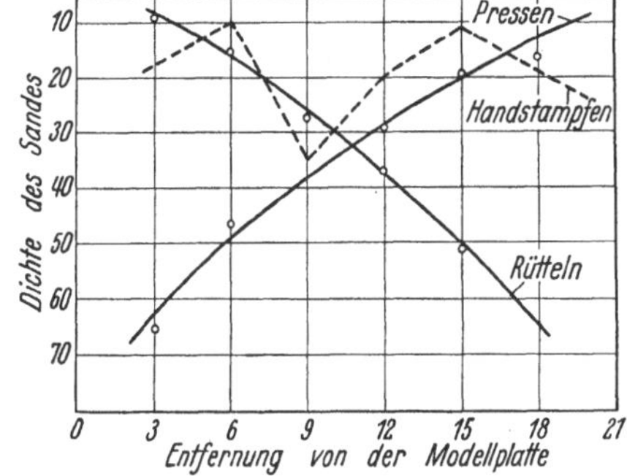

Abb. 7. Verlauf der Sandverdichtung beim Pressen, Rütteln und Handstampfen.

so sollte man Modelle von weniger als 200 mm Höhe nicht rütteln. Überläßt man beim Rütteln die Verteilung des Sandes sich selbst, so erhält er nach den ersten Schlägen eine Oberflächengestalt, die ungefähr parallel zur Modelloberfläche verläuft (Abb. 8), während sie beim Rüttelbeginn etwa der gestrichelten Linie folgt. Zum gleichmäßigen Nachstampfen des Formrückens muß man den Sand nach dem Rütteln zunächst etwas gleichmäßiger verteilen, was Zeit in Anspruch nimmt. Man ebnet daher besser schon während des Rüttelns den Sand mit der Hand so, daß seine Oberfläche sich nach beendigtem Rütteln wie ein niedriger Kugelabschnitt gestaltet

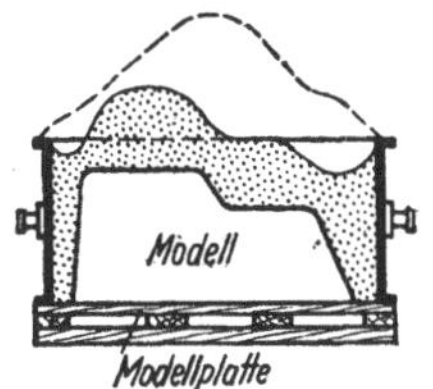

Abb. 8. Gestalt der Sandoberfläche nach dem Rütteln, für das Nachstampfen ungeeignet.

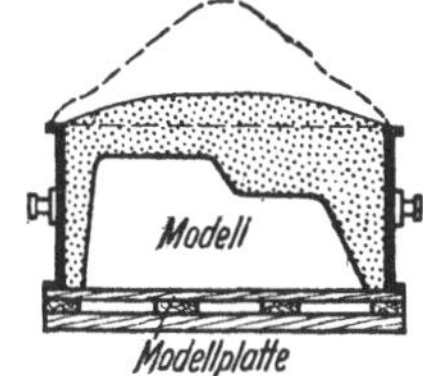

Abb. 9. Gestalt der Sandoberfläche nach dem Rütteln, für das Nachstampfen geeignet.

(Abb. 9). Dann kann sofort mit dem Nachstampfen begonnen werden, was selbst bei mittelgroßen Formen nur etwa eine Minute dauert; denn es kommt dabei im allgemeinen weniger auf große Gleichmäßigkeit als genügende Festigkeit des Sandrückens an. Weil der Verdichtungsgrad beim Rütteln von der Höhe der über den verschiedenen Teilen des Modells liegenden Sandschichten abhängt, wird der Sand über den tiefliegenden Modellteilen fester als über den hochliegenden. Man kann aber diesen Unterschied dadurch etwas ausgleichen, daß man die Sandhöhe über den hochliegenden Modellteilen durch Anhäufen von Sand während des Rüttelns künstlich vergrößert.

Die eigentliche Rüttelarbeit dauert selbst bei größten Formen nur einige Sekunden. Um daher die Leistungsfähigkeit der Rüttler, besonders der großen, voll auszunützen, empfiehlt es sich, sie mit besonderen Füllvorrichtungen zu versehen, mit denen man die großen Sandmengen schnell in die auf der Rüttelplatte liegenden Kästen einbringen kann. Mit zunehmenden Formgewichten steigert sich auch die Stärke der Rüttelstöße. Dann muß man dafür sorgen, daß sie in der Maschine selbst aufgefangen werden; denn die Übertragung zahlreicher heftiger Stöße durch das Fundament auf den Boden der Gießerei gefährdet nicht nur die fertigen Formen, sondern kann auch, besonders bei schlechtem Baugrund, das Gebäude beschädigen, abgesehen von den erheblichen Kosten, die mit dem Einbau schwerer Schabotten verbunden sind. Bei Hubgewichten von 500 kg ab muß daher für eine Dämpfung des Stoßes gesorgt werden, während man bei über 1000 kg Hubgewicht volle Stoßfreiheit vorsehen muß.

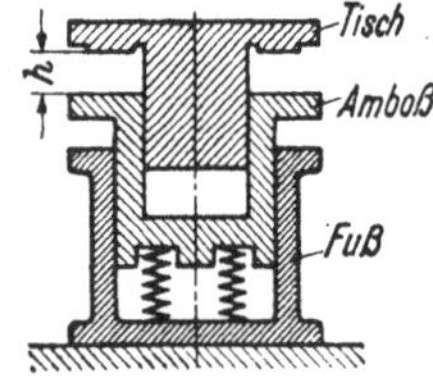

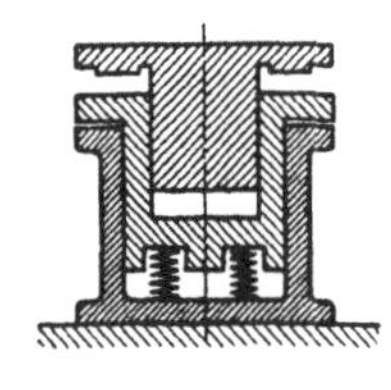

Abb. 10. Ausgangstellung.   Abb. 11. Stoß.   Abb. 12. Stoßfang durch federnden Amboß.

Abb. 10—12. Darstellung der grundsätzlichen Arbeitsweise eines stoßgedämpften Rüttlers.

Der Stoß wird aufgefangen durch einen auf starken Schraubenfedern ruhenden Amboß. Bei der stoßgedämpften Anordnung (Abb. 10—12) steckt der Amboß in einem zylindrischen Fuß und ist als Rüttelzylinder ausgebildet. Nach Aufsetzen der Form auf die mit dem Rütteltisch verbundene Modellplatte und Einfüllen des Sandes in der Ausgangstellung des Rüttlers läßt man die Luft unter dem Rüttelkolben austreten, der Tisch fällt herunter und der Rüttelstoß erfolgt durch Aufprallen des Tischrandes auf dem Amboßrand. Dabei sinkt der Amboß etwas nach unten, da es sich bei diesem Vorgang um einen unvollkommen elastischen Stoß handelt, wodurch die Tragfedern sich etwas zusammendrücken und die Stoßwirkung dämpfen.

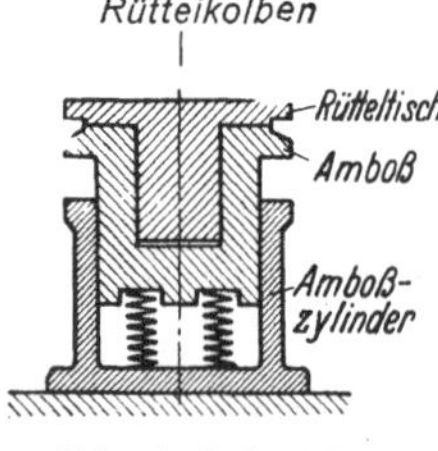

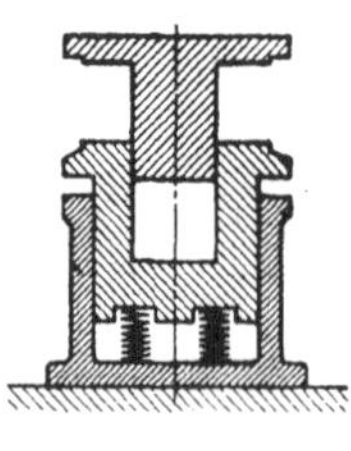

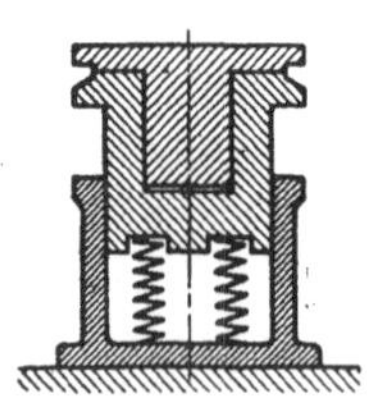

Abb. 13. Ruhestellung.   Abb. 14. Höchste größte Ausladung.   Abb. 15. Stoß.

Abb. 13—15. Arbeitsweise des stoßfreien Rüttlers.

Die stoßfreien Rüttler bestehen aus dem Amboßzylinder, in dem auf Federn der Amboß ruht, dem Amboß, in dem der eigentliche Rüttelkolben mit dem Rütteltisch steckt (Abb. 13—15). In der Ruhestellung befindet sich der belastete Rüttelkolben in seiner tiefsten Lage, die Stoßfläche des Tisches berührt dabei die des Ambosses, während letzterer durch seine Tragfedern gestützt im Amboßzylinder schwebend gehalten wird. Wird jetzt plötzlich durch die Steuerung Druckluft unter den Rüttelkolben gelassen, so steigt er, während der Amboß nach unten getrieben wird und die Tragfedern zusammendrückt. Beim Austreten der Luft fällt der Rütteltisch herunter, während gleichzeitig die sich entspannenden Tragfedern den Amboß hochschleudern. Diese gegenläufige Bewegung von Kolben und Amboß wird also durch die besondere Art der Luftsteuerung erreicht und endigt mit dem Aufeinanderprallen der beiden Stoßflächen, die bis zum Erreichen der Ruhelage in gegenseitiger Berührung bleiben. So wird der Rüttelstoß in der Maschine selbst restlos vernichtet, ein Rückprall tritt nicht ein, und es entsteht der sogenannte „klebende Schlag", der eine einwandfreie Verdichtung selbst größter Formen mit wenigen Hüben bewirkt. Nur die so gewonnene Stoßfreiheit der Fundamente hat es ermöglicht, Großrüttler mit 40 t und mehr Hubkraft gefahrlos zu verwenden.

Wie bereits ausgeführt, müssen Rüttelformen nachgestampft werden. Man kann die lästige Arbeit umgehen, wenn man Belastungsplatten oder Füllrahmen verwendet. Dann muß aber sehr aufgepaßt werden, damit die Sandverdichtung nicht zu stark wird. Man bleibt daher besser beim Nachstampfen, zu dessen Beschleunigung sich die Verwendung von Preßluftstampfern besonders bei großen Formoberflächen empfiehlt. Bei mittleren Formen fällt der durch das unvermeidliche Nachstampfen hervorgerufene Zeitverlust besonders ins Gewicht. Man hat daher zum Verdichten hoher Formen von etwa 2400—12 000 cm² Kastenfläche Maschinen gebaut, in denen der Rüttler mit einer Presse vereinigt wurde. Diese Rüttelpressen haben eine sehr große Verbreitung gefunden. Bei den meisten Bauarten ist der Rüttelkolben gleichachsig in dem Preßkolben, der im Gestell der Maschine untergebracht ist, eingebaut. Beide haben getrennte Druckluftleitungen. Darüber befindet sich an einem kräftigen Ausleger einstellbar befestigt die Preßplatte (Abb. 16). Bei ausgeschwenkter Preßplatte wird der Kasten auf die Modellplatte gesetzt, unter Zuhilfenahme eines Füllrahmens mit Sand gefüllt und dann gerüttelt, worauf der Formrücken durch Anheben der gerüttelten Form gegen die ein-

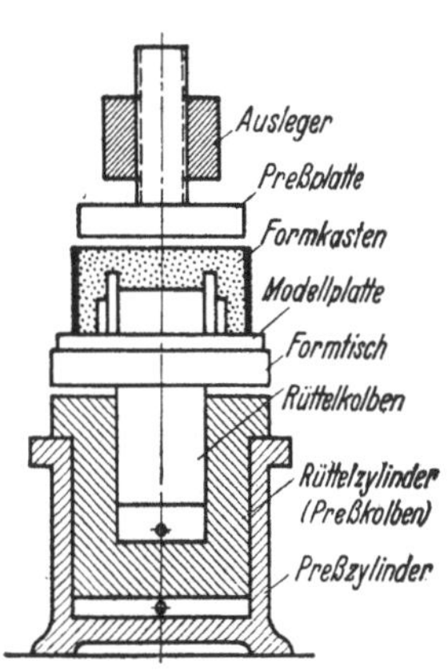

Abb. 16. Arbeitsweise des Preßrüttlers.

geschwenkte Preßplatte gepreßt wird. Es besteht natürlich auch die Möglichkeit, die Presse vom Rüttler zu trennen und sie beispielsweise im Ausleger unterzubringen. Um den Formvorgang noch mehr zu beschleunigen, wurden in den letzten Jahren auch Preßrüttler gebaut, bei denen Rütteln und Pressen gleichzeitig erfolgen.

4. Das Schleudern. Bekanntlich hilft sich der Former beim Formen vielgestaltiger Modelle damit, daß er die dem Stampfer schwer zugänglichen Stellen des Modelles mit Hand „auswirft,". Die ausgeworfenen Sandstellen drückt er geschickt mit den Fingern an, schaufelt Füllsand darauf und verdichtet ihn in bekannter Weise. Diese Arbeitsvorgänge hat man in den Schleuderformmaschinen[1] im höchsten Grade mechanisiert. Sie wurden in den USA entwickelt und 1923 in Deutschland unter der Bezeichnung Schleuderer (Sandslinger) eingeführt. Dabei arbeitet man mit einem Sandwerfer, der aus einer

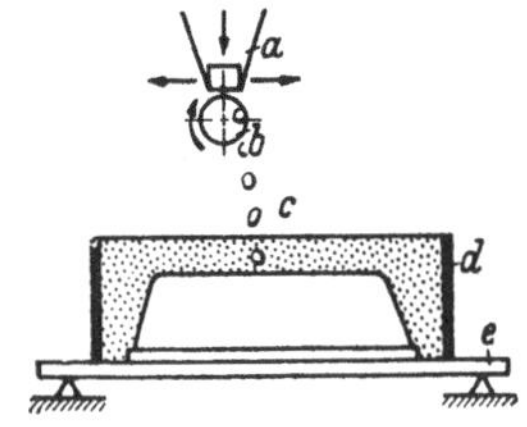

Abb. 17. Schleuderverfahren. a = Sandvorrat mit Förderer; b = Schleuderkopf; c = Sandballen; d = Formkasten; e = Modellplatte.

schnell umlaufenden Scheibe besteht, an der ein auswechselbarer gußeiserner Wurfbecher befestigt ist (Abb. 17). Von einem mit der Maschine verbundenen

<hr>

[1] U. Lohse, Amerikas Gießereiwesen, VDI.-Verlag, Düsseldorf.

Behälter aus wird mittels eines waagerechten Bandförderers ein unterbrochener Sandstrom der Schleuderscheibe in Richtung ihrer Drehachse am Rande zugeführt. Von ihm trennt der Wurfbecher b in der Minute etwa 1500 faustgroße Sandstücke c ab, ballt sie zusammen und schleudert sie mit großer Wucht in den auf die Modellplatte e gesetzten Formkasten d. Die eingeschleuderten Sandklumpen packen sich beim Schwenken des an einem waagerecht beweglichen Gelenkarm befestigten Schleuderkopfes über der Kastenfläche auf und um das Modell herum. Durch die wechselnde Geschwindigkeit, mit der der Former den Schleuderarm über die Form hinwegbewegt, kann er die Sanddichten den Formverhältnissen anpassen. Ein Nachstampfen des Formrückens ist bei dieser Verdichtungsart nicht erforderlich. Ebenso sind das Stellen von Sandhaken und das Stecken von Formerstiften fast überflüssig. Die Sandschleuderer sind reine Sandverdichter, man muß sie daher mit getrennten Abhebevorrichtungen zusammenarbeiten lassen, wenn eine mechanische Trennung von Modell und Form erforderlich ist. Diese Formmaschinenart arbeitet schneller als die übrigen und wird ausschließlich durch Elektromotore angetrieben. Sie nimmt dem Former nicht nur das Verdichten des Sandes, sondern auch das anstrengende Einschaufeln desselben ab. Das Verfahren eignet sich besonders für mittlere und große Formen.

B. Trennen von Form und Modell.

Der zweite Arbeitsgang, den man mechanisierte, war das Ausheben des Modelles aus der aufgestampften Sandform. Während der Handformer für das Trennen von Form und Modell — abgesehen von wenigen Sonderfällen — nur eine Art kennt, hat man beim mechanischen Ausheben der Vielgestaltigkeit der Modelle Rechnung getragen und verschiedene Trennverfahren entwickelt. Die Modelle lassen sich, je nachdem ob sie flach oder steilwandig sind, ob sie vorspringende Teile oder stark profilierte Oberflächen besitzen, in Gruppen von ähnlichen Grundformen einteilen, was zu vier verschiedenen Hauptverfahren für das Ausheben der Modelle führt: das Abhebe-, Absenk-, Durchzug- und Wendeverfahren.

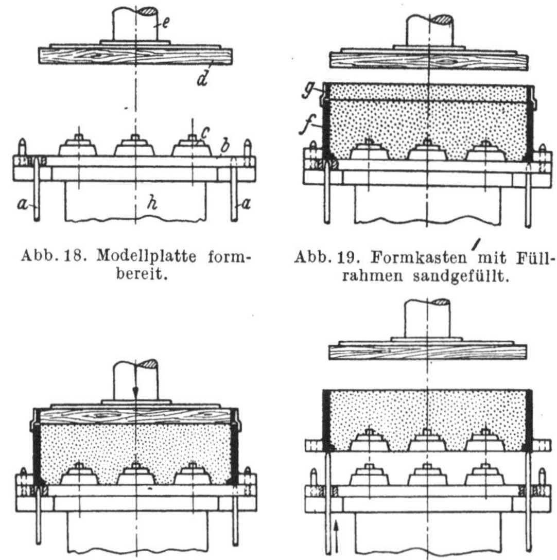

Abb. 18. Modellplatte formbereit.

Abb. 19. Formkasten mit Füllrahmen sandgefüllt.

Abb. 20. Formsand verdichtet.

Abb. 21. Abheben des Kastens vom Modell nach oben.

Abb. 18—21. Arbeitsweise einer Formmaschine mit Stiftabhebung. a = Abhebestifte; b = Modellplatte; c = Modelle; d = Preßplatte; e = Preßkolben; f = Formkasten; g = Sandfüllrahmen; h = Maschinengestell.

5. Das Abhebeverfahren (Abb. 18—21) eignet sich besonders für flache, niedrige Modelle. Es ist das älteste und einfachste. Vier senkrechte Abhebestifte a, die in ihrer Länge und gegenseitigen Entfernung entsprechend den Abmessungen des Formkastens f und der Höhe des Modelles c einstellbar sind, werden der genauen senkrechten Führung wegen am besten durch einen Kolben zum Abheben der verdichteten Form von der auf dem Tisch der Maschine *h* befestigten Modellplatte *b* nach oben bewegt. Sie stoßen unter die Ränder des Formkastens *f* und nehmen ihn mit hoch, während die Modelle in ihrer Lage verbleiben. Um gleich die Verbindung der Abhebevorrichtung mit der Sandverdichtung durch ein Beispiel deutlich zu machen, ist über dem Formtisch ein Druckkolben *e* mit Preßklotz *d* angedeutet. Nach dem Füllen des Kastens *f* nebst aufgesetztem Füllrahmen *g* mit Sand wird durch Eindrücken des Preßklotzes *d* in den Füllrahmen *g* der Sand über der Modellplatte *b* verdichtet.

6. Bei dem Absenkverfahren (Abb. 22—25) wird die Modellplatte *b* mit den Modellen *c* auf einem senkrecht beweglichen Tisch befestigt, der meist von einem Kolben *a* getragen wird. Die Modellplatte *b* ist von einem Rahmentisch *d* umschlossen, der gleichzeitig den Füllrahmen bildet. Der daraufgesetzte Formkasten *f* wird mit Sand gefüllt, um dann beim Hochgehen der Modellplatte gegen den Preßklotz *e* gedrückt zu werden, wobei sich die Modelle *c* in den Sand hineinpressen. Läßt man jetzt die Modellplatte wieder heruntersinken, so gehen gleichzeitig die Modelle aus dem Sande. Auch das Absenkverfahren ist nur für flache Modelle und kleine bis mittelgroße Formen anwendbar, da das ganze tote Gewicht von Modellplatte und sandgefüllter Form mit hochgehoben werden muß. Wenn es sich um steilwandige Modelle ohne Anzug und um schmale senkrechte Teile handelt wie Rippenheizkörper, Motorradzylinder, Zahnräder, Riemenscheiben u. ä., so liefern diese beiden Trennverfahren keine einwandfreien Formen mehr. In solchen Fällen verwendet man dann

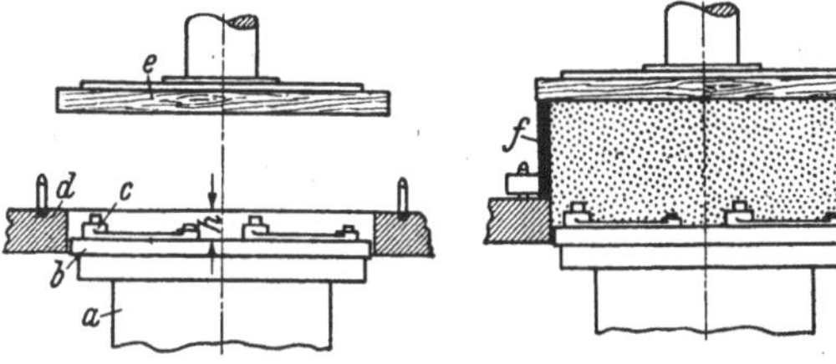

Abb. 22. Modellplatte formbereit.   Abb. 23. Formkasten aufgesetzt, sandgefüllt.

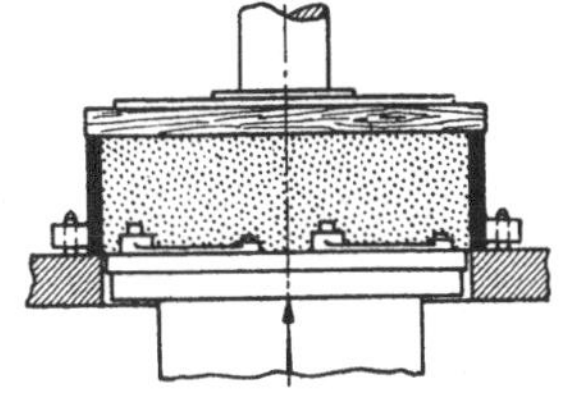

Abb. 24. „Verdichten" durch Anheben der Modellplatte.   Abb. 25. „Abheben" durch Absenken der Modellplatte.

Abb. 22—25. Arbeitsweise einer Formmaschine mit Trennung von Modell und Form durch Senken der Modellplatte.

a = Kolben zum Pressen und Absenken; *b* = Modellplatte; *c* = Modelle; *d* = Rahmentisch; *e* = Gegendruckplatte; *f* = Formkasten; *g* = Füllrahmenhöhe.

7. Das Durchzugverfahren (Abb. 26—29). Das Zahnradmodell *b* ist auf dem Maschinengestell *a* befestigt. Der Zahnkranz ist von einem Durchzugring *e* umschlossen, der innen genau dem Zahnprofil entsprechend ausgearbeitet ist und in einer senkrecht beweglichen Platte *f* liegt. Ihr Heben und Senken bewirken Abhebesäulen *d*. Nach Aufsetzen des Kastens *m* mit dem Füllrahmen *g* auf die Platte *f* und Einfüllen des Sandes wird gepreßt, indem man den Kolben *k* mit dem Preßklotz *i* absinken läßt, der hier zum Ausgleich des Modellprofiles mit Holzeinlagen *h* arbeitet. Nach vollzogener Pressung geht die Preßplatte wieder hoch, die Abhebesäulen *d* stoßen unter die Platte *f* und heben sie mit der daraufstehenden verdichteten Form hoch, wobei der Durchzugring *e* den Sand vom Modell *b* abstreift. Da sich die Sandränder dabei auf die Kanten des Ringes *e* stützen, können die Formränder nicht abbröckeln. Gleichzeitig gehen vier Stützstangen *c* mit nach oben, die vor dem Wiederabsenken der Platte *f* durch Verschieben des Riegels *l* festgestellt werden. Beim endgültigen Absenken des Modelles bleiben die Kastenränder auf den Stützstangen *c* stehen. Vor dem Aufsetzen eines neuen Kastens werden sie durch Zurückschieben des Riegels *l* wieder in ihre Ausgangsstellung gesenkt. Auch auf der einfachen Abhebemaschine kann man mit solchen Durchzugplatten arbeiten. Die vier Abhebestifte stoßen dann nicht unter den Kastenrand, sondern unter die Durchzugplatte, auf der die Form steht. Solche Platten ermöglichen die Anwendung des Durchzugverfahrens auch bei unebenen Trennungsflächen von Unter- und Oberkasten. Anstatt eine lose Durchzugplatte zu verwenden, kann man sie auch auf dem Maschinentisch befestigen und die Modelle nach unten ausziehen. Maschinen mit festen Durchzugplatten werden besonders für größere Formen angewendet, bei denen die zu hebenden Gewichte groß sind. Bei diesem Verfahren müssen natürlich die Modelle um die Stärke der Durchzugplatte höher gemacht werden, um die richtige Gußstückhöhe in der Form zu haben.

8. Das Wendeverfahren. Handelt es sich um das maschinelle Ausheben von hohen Formen, besonders solchen mit vorspringenden Sandballen, die hängend verdichtet und, um ein Abreißen der Ballen zu verhindern, stehend abgehoben werden müssen, so

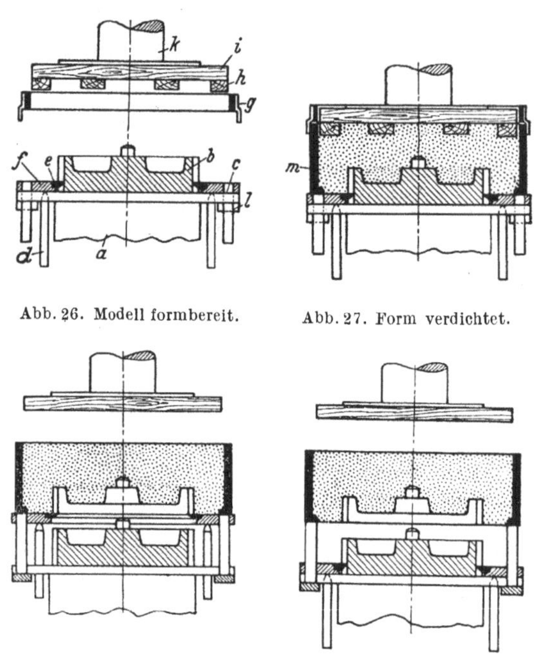

Abb. 26. Modell formbereit.   Abb. 27. Form verdichtet.

Abb. 28. Form abgehoben,   Abb. 29. Durchziehring abge-
Modell durchgezogen.   senkt.

Abb. 26—29. Abhebeformmaschine mit Durchziehplatte.

a = Untergestell; *b* = Modell; *c* = Stützstangen; *d* = Abhebesäulen; *e* = Durchziehring; *f* = Durchziehplatte; *g* = Füllrahmen; *h* = Profilausgleichklötze; *i* = Preßplatte; *k* = Preßkolben; *l* = Riegel; *m* = Formkasten.

wird das Wendeverfahren benutzt, das mit einer Wendeplatte durchgeführt wird, die in ihrer Mittelachse um waagerechte Zapfen drehbar ist (Abb. 30—34). Bei kleineren Formgewichten wird die gewendete Form, wie in den Abbildungen dargestellt, auf den Formwagen heruntergelassen, dann muß also die Wendeplatte in senkrechter Richtung beweglich sein. Bei schweren Formen kann der Formwagen gehoben und gesenkt werden, er wird nach dem Wenden der Form gegen den Formrücken zum Anliegen gebracht, worauf die Verklammerung zwischen Platte und Kasten gelöst und dann abgesenkt wird. Die Reihenfolge der Arbeitsstufen bei dem Wendeplattenverfahren ist aus den Skizzen ohne weiteres zu ersehen. Die Wendeplatte kann beiderseitig mit den Modellen für Unter- und Oberkasten (U und O) belegt werden. Man braucht dann für die vollständige Form nur eine Maschine, während bei den anderen Verfahren je eine für Unter- und Oberkasten benötigt wird, wenn man nicht Reversierplatten anwendet, was aber nicht immer möglich ist. Bei großen Formen belegt man die Wendeplatten nur einseitig, weil sonst die zu bewegenden Gewichte zu groß werden.

Die Wendeplatte kann auch als Umrollplatte ausgebildet werden, die klappenartig um 180° herübergekippt wird (Abb. 35 und 36). In den gestrichelten Grundstellungen wird der Sand in den auf der Modellplatte befestigten Kästen verdichtet.

Nach dem Umrollen wird bei kleineren Formabmessungen das Modell durch Hoch gehen des Kipprahmens aus dem Sand gezogen, während die großen Formen von der umgerollten Platte abgesenkt werden.

Hängendes Verdichten und stehendes Ausheben kann man unter Anwendung einfacher Modellplatten erreichen, wenn die ganze Formmaschine um einen kräftigen Zapfen drehbar eingerichtet wird. Bei diesen heute sehr oft benutzten Wendeformmaschinen wird nach dem Sandverdichten die ganze Maschine um 180° herumgeschwenkt, so daß der Formrücken nach unten zu liegen kommt, worauf mit

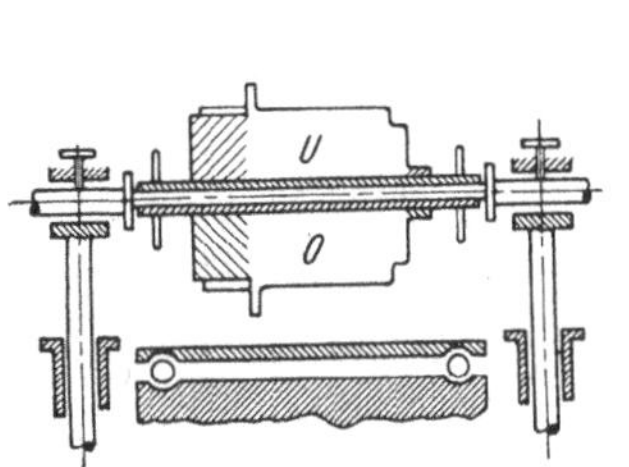

Abb. 30. Vorgang 1.

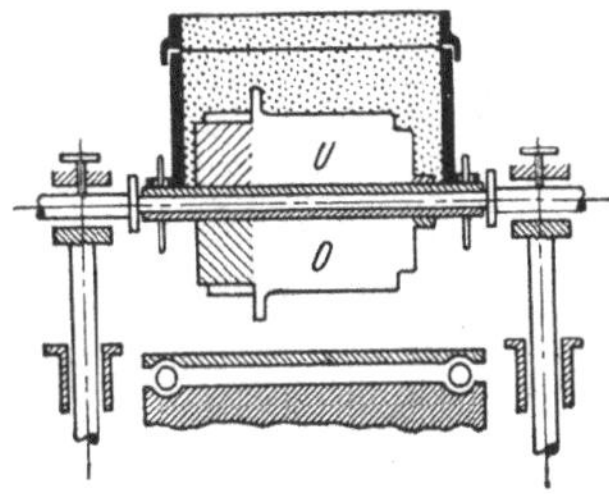

Abb. 31 Vorgänge 2, 3, 4, 5, 6, 7, 8.

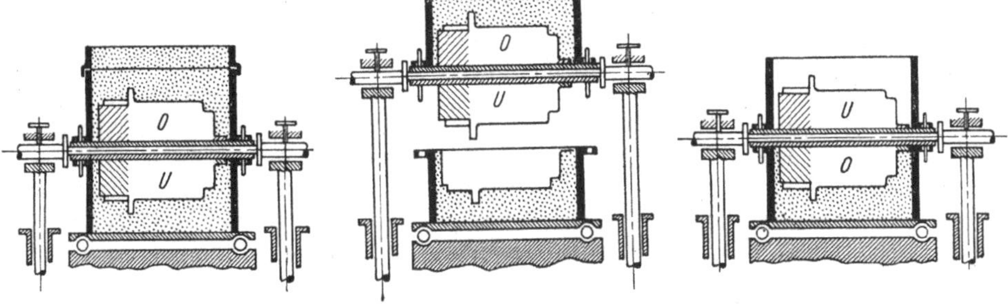

Abb. 32. Vorgänge 9, 10, 3, 4, 5, 6.   Abb. 33. Vorgänge 11, 12, 13, 8.   Abb. 34. Vorgänge 14 u. 15.

Abb. 30—34. Formvorgänge auf Wendeformmaschine.

1. Wendeplatte mit Modellhälften U und O. 2. Unterkasten mit Füllrahmen aufsetzen. 3. Modellsand aufsieben. 4. Füllsand einschaufeln. 5. Verdichten, Füllrahmen abnehmen. 6. Abstreichen. 7. Anheben. 8. Wenden. 9. Absenken des Unterkastens auf den Rolltisch. 10. Oberkasten mit Füllrahmen aufsetzen. 11. Ausheben des Modells aus dem Unterkasten. 12. Vorziehen des Wagens. 13. Fertigmachen des Unterkastens. 14. Absenken des Oberkastens auf den Rolltisch. 15. wie 2 und folgende.

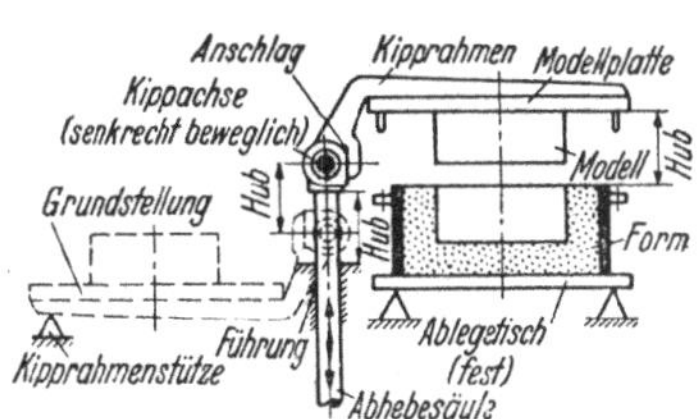

Abb. 35. Umrollen und Abheben.

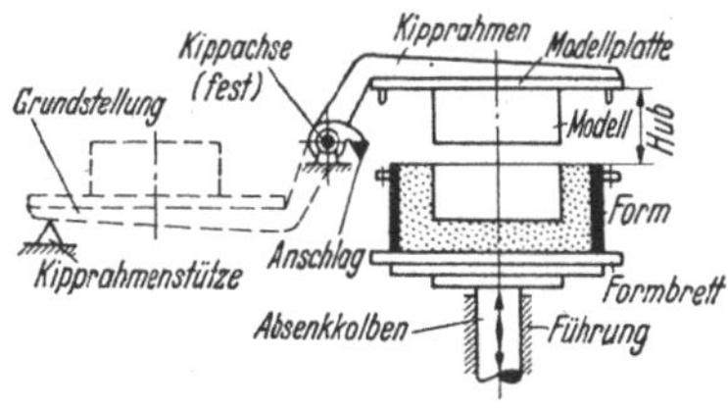

Abb. 36. Umrollen und Absenken.

stehendem Sandballen abgesenkt wird. Für große Formen eignet sich die Wendeformmaschine nicht, weil sie dann zu schwer und unhandlich wird.

Bei der sehr großen Vielgestaltigkeit der Gußstücke kann es gelegentlich angezeigt erscheinen, mehrere der besprochenen Verfahren gleichzeitig anzuwenden, beispielsweise das Durchzugverfahren mit dem Wendeverfahren zu vereinigen. An sich ändert sich in der baulichen Gestaltung der Einzelelemente grundsätzlich zwar nichts, aber der Aufbau der ganzen Maschine wird verwickelt. Man sollte daher eine solche Vereinigung nur dann anwenden, wenn sie im Interesse des sicheren Aushebens besonders schwieriger Modelle unbedingt erforderlich ist.

C. Gesamtaufbau und Betrieb von Formmaschinen.

9. Staubschutz und Pflege. Je mehr die Formmaschinen leistungsfähig und vervollkommnet wurden, desto verwickelter wurde der Mechanismus und desto größer die Forderung, alle dem Verschleiß ausgesetzten Teile besonders gut zu schützen. Bekanntlich arbeitet keine Werkzeugmaschine unter so ungünstigen Verhältnissen wie die Formmaschine. Es wird aber auch keine Maschine so stiefmütterlich behandelt wie diese. Die Tatsache, daß der Gießereibetrieb ein rauher Betrieb ist, ist noch lange kein Freibrief dafür, daß die in ihm aufgestellten Maschinen entsprechend rauh behandelt werden dürfen. Gewiß liegen die Verhältnisse etwas anders als in den mechanischen Werkstätten. Aber es ist Sache der Gießereileiter und ihrer Unterführer, bei den Maschinenformern das Verständnis für eine Maschine zu wecken. Es ist nicht damit getan, daß der Maschinenformer das Höchste an Leistung aus der Maschine herausholt, er soll auch mit einem Mindestmaß von Reparaturen auskommen. Dies wiederum setzt eine geradezu liebevolle Pflege der Maschine voraus, die nicht nur in dem täglichen äußerlichen Reinigen besteht, sondern auch in einem planvollen Schmieren und Ölen der bewegten Teile. Es ist ferner darauf hinzuwirken, daß auch noch so gering erscheinende Reparaturen umgehend dem Reparaturschlosser gemeldet werden. Man muß immer bedenken, daß sich saubere Formen auf der Formmaschine nur solange herstellen lassen, wie beim Sandverdichten und Abheben die verschiedenen Maschinenelemente vollkommen intakt sind. Modellplatte, Kasten, Preßhaupt und Rütteltisch müssen genau parallel sein. Die Führungsstangen zum Abheben, Rüttel- und Preßkolben dürfen in ihren Führungsbüchsen bzw. Zylindern kein Spiel haben. Ganz abgesehen davon, daß derartige Mängel unsaubere Formen zur Folge haben, sind Öl- und Preßluftverluste unverantwortlich hoch. Man merke sich: Wer Mängel rasch behebt, spart Zeit, Verdruß und Geld!

Zum Unterschied von einer Werkzeugmaschine ist eine Formmaschine selbst in den schönsten Gießhallen ständig Staub und Schmutz ausgesetzt, wozu der tägliche Temperaturwechsel dem Verrosten Vorschub leistet. Diese Umstände fordern den denkbar einfachsten Aufbau der Maschinen. Alle beweglichen Teile müssen möglichst im Innern untergebracht sein, damit sie der schmirgelnden Wirkung der feinen Sandkörner entzogen sind. Soweit das nicht möglich ist, wie bei den Kolben und den Gestängen für die Abhebevorrichtungen, sind die ins Freie hinausragenden Bauteile mit harmonikaartigen Lederhosen oder Schutzblechen zu umkleiden, die ihre Bewegungsfreiheit nicht behindern. Formmaschinen, die längere Zeit außer Betrieb sind, müssen mit Rostschutz eingenebelt und mit einer Segeltuchhülle gegen Verstauben abgedeckt werden.

Es ist leider sehr schwer, den Maschinenformer für eine verständnisvolle Pflege seiner Maschine zu erziehen. In Erkenntnis der Wichtigkeit für ein einwandfreies Arbeiten der Formmaschinen hat man neuerdings bei den Schmier- und Ölleitungen die Erfahrungen des Automobilbaues mit Erfolg angewendet. Man hat kammerartige Erweiterungen in den Führungsbüchsen zum Einfüllen von Dauerschmiermitteln angeordnet. Preßzylinder, Kolben und Steuerorgane sind einer Zentralschmierung angeschlossen. Alle wichtigen Stellen sind mit Ölern für Preßschmierung versehen. Aber diese Vorrichtungen haben nur Zweck, wenn sie richtig gehandhabt werden. Es empfiehlt sich daher, einen Schlosser mit der regelmäßigen Überwachung und Wartung der Maschinen zu beauftragen. Er hat schließlich das größte Interesse an dem einwandfreien Arbeiten der Maschinen, da er die Instandsetzungsarbeiten selbst ausführen muß.

Jeder gut geleitete Maschinenbau führt die sog. AWF Maschinenkarten[1]. Auch die Formmaschine hat Anspruch auf diese Einrichtung. Außer den üblich darauf vermerkten Daten wie Bezeichnung der Maschine, Hersteller, Baumuster, Liefertag usw. sind gewissenhaft zu vermerken: Instandsetzungsarbeiten, Ersatzteile, Ölverbrauch und dgl. An Hand dieser Angaben hat man jederzeit einen genauen Überblick über die Mängel der einzelnen Maschinen und die Unterhaltungskosten. Man hat sogar die Möglichkeit, Prämien für gute Maschinenpflege auszuwerfen.

Man sieht also, daß hier noch umfangreiche Erziehungsarbeit zu leisten ist. Es ist viel Mühe damit verbunden. Aber wenn zunächst einmal ein guter Stamm von Maschinenformern herangebildet ist, werden die anderen um so leichter zu erziehen sein.

10. Anforderungen an den Formsand. Zur Erzielung höchster Wirtschaftlichkeit einer Formmaschinenanlage gehört außer einer einwandfreien Modelleinrichtung[2] ein geeigneter Formsand bzw. eine Formsandmischung. Diese Mischung besteht in der Hauptsache aus Quarzkörnern, Ton, Steinkohlenstaub und Wasser. Daneben sind noch in geringen Anteilen die Oxyde von Eisen, Kalzium, Magnesium und Alkalien vertreten, welche als Flußmittel wirken und aus diesem Grunde niedrig gehalten werden sollen. Denn eine hohe *Feuerbeständigkeit* des Sandes ist Voraussetzung für eine sandfreie Gußoberfläche.

Die Quarzkörner bzw. die durch sie verursachten Zwischenräume bedingen die sog. *Gasdurchlässigkeit*. Ein grobkörniger Sand hat eine hohe Gasdurchlässigkeit und wird für größere Modelle angewendet, während ein feinkörniger Sand in der Kleinstückformerei benutzt wird, wo er gleichzeitig eine glatte und geschlossene Gußoberfläche gibt. Jedoch soll die Korngröße innerhalb jeder Form möglichst gleich sein. Die *Bildsamkeit* ist eine Folge des Tones. Bei einem gut aufbereiteten Sand sollte jedes Quarzkörnchen mit einem Film aus Ton bei einem bestimmten Wassergehalt umgeben sein. Erst dadurch wird der Sand bildsam oder plastisch. Der Kohlenstaub ist lediglich ein Zusatz zum Modellsand und hat die Aufgabe, eine direkte Berührung des flüssigen Eisens mit dem Sand zu verhindern. Denn sobald das Eisen in die Form gelangt, vergasen die flüchtigen Bestandteile des Kohlenstaubes und stellen eine Trennschicht zwischen Sand und Eisen dar. Der Sand kann nicht sintern und am Gußstück einbrennen. Daraus erhellt, daß das Modell in einem guten „Modellsand" eingebettet sein soll. Der sog. Füll- oder Rückensand soll lediglich frei von Spritzeisen, Formstiften und dgl. sein und eine rasche Gasabführung gestatten.

Durch den Gießvorgang verliert der Ton sein Wasser und geht beim Ausleeren der Formen als feiner Staub verloren. Um die alte Bildsamkeit wiederherzustellen, muß man Neusand zusetzen. Neuerdings setzt man dieses Bindemittel in Form von kolloidalem Aluminiumhydrosilikat zu. Von diesem außerordentlich quellfähigen Ton genügen je nach Beschaffenheit des Sandes etwa 2—8%. Diese Tone, die unter den verschiedensten Bezeichnungen auf dem Markt zu haben sind, gestatten die Verwendung von minderwertigeren Sanden. Durch eigne, systematische Versuche wird man selbst die richtigen Mischverhältnisse ermitteln und bei einer Wirtschaftlichkeitsberechnung muß zumindestens eine wesentliche Einsparung der Kosten für Abfuhr des Altsandes herausspringen. Eine laufende Sandkontrolle ist heute ebenso wichtig wie die Überwachung des Schmelzbetriebes oder der verschiedenen Güteklassen des Gußeisens. Die dazu erforderlichen Apparate sind eine einmalige Anschaffung und können von jungen Arbeitsburschen gehandhabt werden.

---

[1] Beuth-Vertrieb, G. m. b. H., Krefeld-Uerdingen.
[2] Vgl. Heft 37: Modell- u. Modellplattenherstellung f. d. Maschinenformerei.

11. Antrieb der Kraftformmaschinen. Als Betriebsmittel für Kraftformmaschinen verwendete man früher Druckwasser. Diesen Anlagen hafteten jedoch eine Reihe Nachteile an, von denen nur an die Frostgefahr im Winter erinnert sei. Außerdem geht man an und für sich in der Gießerei mit flüssigem Eisen und Wasser höchst ungern um. Man findet heute ausschließlich Preßluftanlagen. Sie gestatten eine größere Beweglichkeit der Maschinen, die man ohne Schwierigkeiten mittels Schläuchen an das Rohrnetz anschließen kann. Eine Rückleitung wie bei der Druckwasseranlage ist nicht nötig, da die Preßluft einfach abgeblasen wird, nachdem sie ihre Arbeit verrichtet hat. Leider übersieht man beim Planen von Preßluftanlagen, daß die Luftverdichter[1] ausgesprochene „Kraftfresser" sind. Man läßt sich zu leicht dazu verleiten, mit höheren Drücken zu arbeiten als unbedingt notwendig ist.

Aus der Tabelle (Abb. 37) ist zu ersehen, welche Luftmengen in m^3/min durch die verschiedenen Düsendurchmesser von 4 bis 15 mm $\varnothing$ bei 2—6 atü entweichen. Die darunter gesetzten Zahlen lassen den erforderlichen Kraftbedarf zur Erzeugung der einzelnen Luftmengen und Drücke erkennen. Diese Werte sollten zu denken geben! Man kann daraus folgern, daß man das Sandstrahlgebläse und auch die Abblasepistolen zum Reinigen der Modellplatten an eine Sonderpreßluftanlage von 2—4 atü anschließt,

Lichter Düsen-⌀ in mm	Luftdruck in atü					
	2	3	4	5	6	
4	0,44	0,59	0,75	0,90	1,05	m²/m'n
	2,30	3,60	4,90	6,80	8,40	PS
5	0,69	0,94	1,16	1,42	1,62	,,
	3,50	5,80	8,00	10,50	13,00	,,
6	0,99	1,33	1,68	2,04	2,32	,,
	5,10	8,30	11,30	15,00	18,60	,,
7	1,35	1,81	2,28	2,77	3,16	,,
	7,00	11,00	16,00	20,50	25,30	,,
8	1,75	2,36	2,97	3,62	4,12	,,
	9,00	14,50	20,00	26,50	33,00	,,
9	2,23	2,99	3,75	4,58	5,22	,,
	11,50	18,30	26,00	34,50	42,00	,,
10	2,75	3,69	4,63	5,65	6,44	,,
	14,30	22,50	32,00	41,80	52,00	,,
11	3,33	4,47	5,61	6,84	7,99	,,
	17,20	27,50	38,00	50,50	64,00	,,
12	3,96	5,31	6,67	8,14	9,27	,,
	20,50	32,30	45,50	60,50	74,00	,,
13	4,65	6,24	7,83	9,55	10,90	,,
	24,00	38,00	54,00	71,00	87,50	,,
14	5,39	7,24	9,03	11,08	12,62	,,
	27,80	44,50	62,00	82,00	101,00	,,
15	6,18	8,30	10,53	12,72	14,49	,,
	32,00	51,00	69,00	94,00	115,00	,,

Abb. 37. Luftmengen und Kraftbedarf bei verschiedenen Düsendurchmessern und Drücken.

während die Formmaschinen aus einer Leitung von 6—7 atü gespeist werden. Es läßt sich ferner ermitteln, wieviel cbm Luft minutlich aus etwaigen Undichtheiten entweichen (z. B. durch undichte Rohr- oder Schlauchanschlüsse usw.). Wenn man bedenkt, daß 1 cbm angesaugte Luft, auf 6 atü verdichtet, etwa 1 Pf kostet, so kann man ganz beachtliche Beträge ermitteln, die im wahrsten Sinne des Wortes in die Luft geblasen werden. Dafür nur ein Beispiel: Angenommen, an den Zuführungsschläuchen sind einige Schlauchbinder nicht sachgemäß angebracht und an den verschiedenen Ventilen der Formmaschinen blasen die Stopfbüchsen oder sind die Ventilkegel undicht; weiter blasen noch verschiedene Rohrverschraubungen und Dichtungen. Der Gesamtquerschnitt all dieser Undichtheiten betrage z. B. 0,5 cm², was einem Durchmesser von 8 mm entspräche. Das ergäbe eine

---

[1] H. ALLENDORF u. M. GEORGI: Sparsame Druckluftwirtschaft in Gießereien: „Die Gießerei" 1940, S. 167 u. 188.

Luftmenge von rd. 4 m³/min bei einem Betriebsdruck von 6 atü. Bei einem Gestehungspreis von 1 Pf/cbm angesaugte Luft würden minutlich 4 Pf verloren gehen. Das wären in 1 Std. also 2,40 DM oder in einem Monat bei 200 Arbeitsstunden 480,— DM.

Es ist ratsam, zum Planen von Preßluftanlagen [1] einen Fachmann zu Rate zu ziehen. Es sei hier nur darauf hingewiesen, daß hinter den Kompressor ein möglichst großer Winkessel geschaltet wird, der als Sammelbehälter, Öl- und Wasserabscheider dient. Es empfiehlt sich ferner, kleinere Windkessel, zu mindestens aber Wasserabscheider, für große Einzelmaschinen oder für Gruppen von kleineren Maschinen vorzusehen. Wassersäcke sind auf alle Fälle zu vermeiden. Die Durchmesser der Rohrleitungen sind der Anzahl der Entnahmestellen anzupassen, wobei man den Reibungsverlusten in den Rohren und Fittings Rechnung tragen muß. Der Druckverlust am Ende einer richtig bemessenen und verlegten Leitung soll etwa 0,1—0,2 kg/cm² betragen. Vor jeder Maschine ist ein Absperrorgan einzubauen, das stets zu schließen ist, wenn die Maschine außer Betrieb ist.

II. Maschinen zum Herstellen der Außenform.

Hierzu gehören die als Formmaschinen bezeichneten Bauarten. Sie stellen die umfangreichste Gruppe dar.

A. Maschinen mit Handstampfung.

12. Die Stiftenabhebeformmaschine für Handstampfung (Abb. 38) eignet sich zum Abformen sowohl von niedrigen, einfachen als auch hohen, schwierigen Mo-

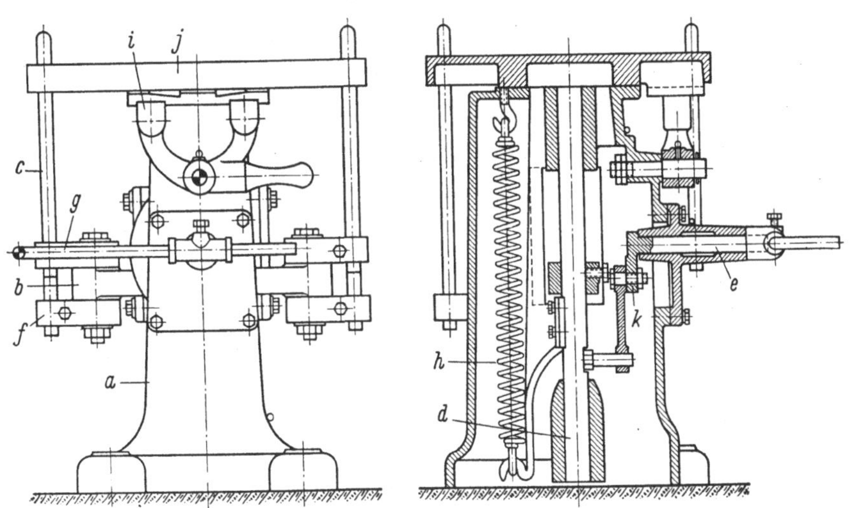

Abb. 38. Abhebemaschine mit Handstampfung (Künkel und Wagner, Alfeld).
a = Bock; b = Abhebebrücke; c = Abhebestifte; d = Abhebewelle; e = Welle; f = Stiftenträger; g = Hebel; h = Rückholfeder; i = Losklopfer; j = Tischplatte; k = Kurbel.

dellen, weil auf ihr nicht nur nach dem Stiftenabhebeverfahren, sondern, unter Verwendung eines Abstreifkammes, auch nach dem Durchzugverfahren gearbeitet werden kann. Man stellt sie zweckmäßig paarweise nebeneinander auf, um auf der einen Maschine den Unterkasten und auf der anderen gleichzeitig den Oberkasten herzustellen.

---

[1] Preßluftanlagen, Ausschuß f. wirtschaftliche Fertigung. Bestellnummer AWF 208. Beuth-Vertrieb, Krefeld-Uerdingen.

Die Maschine besteht aus dem Bock a, der die Tischplatte j trägt und aus dem im Innern untergebrachten Abhebemechanismus. Die Abhebebrücke b ist mit verstellbaren Stiftenträgern f versehen, wodurch man verschiedene Kastengrößen auf der Maschine verwenden kann. Der Abhebemechanismus wird durch die Kurbel k, verbunden mit einer Zugstange und der Abhebewelle d betätigt. Die mit der Abhebewelle d fest verbundene Abhebebrücke b ist zweimal in horizontaler Richtung an nachstellbaren Leisten geführt, wodurch ein einwandfreies Abheben gewährleistet ist. Die Abhebebewegung wird durch Umlegen des an der Vorderseite der Maschine befindlichen Hebels g eingeleitet, welche Bewegung auf die Welle e und den Kurbeltrieb übertragen wird. Das Formkastengewicht ist durch eine Feder h ausgewuchtet, wodurch die Abhebung sich spielend leicht vollzieht. Das Lösen des Modelles wird durch eine handlich zu bedienende Losklopfvorrichtung i wirksam unterstützt. Die Abhebestifte c, welche nach allen Seiten verstellbar eingerichtet sind, sind mit je einer Feineinstellschraube versehen, wodurch ein genaues Einstellen ermöglicht wird.

13. Durchzugmaschinen (Abb. 39) werden meist als Sondermaschinen für bestimmte Teile gebaut, die in großen Mengen hergestellt werden müssen. Das durch die Platte b nach unten hindurchzuziehende Modellteil ist auf der Durchzugplatte a befestigt. Nach Aufstampfen und Glattstreichen des Formrückens wird der Durchzughebel c herumgelegt, dadurch sinkt das Querhaupt e abwärts, damit auch die Durchzugplatte a, und der betreffende Modellteil wird durch die Platte b nach unten herausgezogen. Dann zieht man den Abhebeschieber d vor, damit sich die Abhebestifte g aufsetzen können. Wird jetzt der vordere Hebel c wieder zurückgelegt, so heben sich die Stifte g, stoßen unter den Rand des Formkastens h und nehmen ihn mit, so daß er frei auf den Stiften steht und leicht abgesetzt werden kann. Auf solchen Maschinen werden Radiatorennippel, Schraubenspunde, Rollen, kleine Motorenzylinder, kleine Zahnräder, Armaturen, Ventile und Hähne mit Vorteil geformt. Auch größere Teile, wie Nähmaschinenrahmen und -räder, Rippenheizrohre usw. werden vorteilhaft auf Durchzugmaschinen geformt, vorausgesetzt, daß genügend große Stückzahlen die Herstellung der teuren Modell- und Durchzugplatten rechtfertigen. Andernfalls arbeitet man, wenn auch nicht ganz so schnell, so doch wesentlich billiger, mit Abstreifplatten und Abhebemaschinen (vgl. Abschnitt 7).

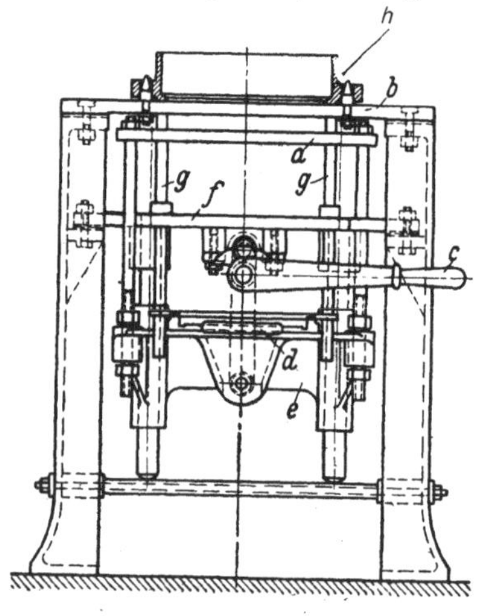

Abb. 39. Durchzugformmaschine mit Stiftenabhebung. (BMD.)

a = Durchziehplatte; b = Tischrahmen mit Durchzugloch; c = Durchzughebel; d = Abhebeschieber; e = Querhaupt, beweglich; f = Feste Platte mit Führungen; g = Abhebestifte; h = Formkasten.

Als Sonderfall der Durchzugmaschine sei die Teleskopriemenscheibenformmaschine der Badischen Maschinenfabrik, Durlach, erwähnt. Bei ihr sind 21 Kranzmodellringe von je 10 mm Stärke teleskopartig ineinander gesteckt, während Naben- und Armkreuzmodell für jeden Durchmesser besonders auf den Formtisch gelegt werden.

14. Wendeplattenformmaschinen. Eine weit größere Verwendungsmöglichkeit als die Abhebeformmaschine bietet die Wendeplattenformmaschine. Auf ihr lassen sich ohne Schwierigkeiten Formen von hohen Modellen oder solche mit hohen Sandballen (Elektromotorengehäuse) herstellen. Die ersten dieser Maschinengattung wurden schon um 1870 von der Firma Dehne-Halberstadt als sog. Wandform-maschinen gebaut. Sie fanden für Kästen bis zu einer Größe von etwa 300×400 mm Verwendung und sind noch hier und da anzutreffen. Ihre Vorteile bestehen in den niedrigen Anschaffungs- und Unterhaltungskosten. Es werden fast ausschließlich Gipsmodellplatten verwendet, die mittels Aufspannrahmen rasch und genau auf beiden Seiten des Wendetisches ausgewechselt werden können. Bei guten Maschinenformern sind die stündlichen Leistungen recht beachtlich und wenn man die geringen darauf ruhenden Unkosten berücksichtigt, so ist noch heute der wirtschaftliche Wirkungsgrad nicht schlecht zu nennen.

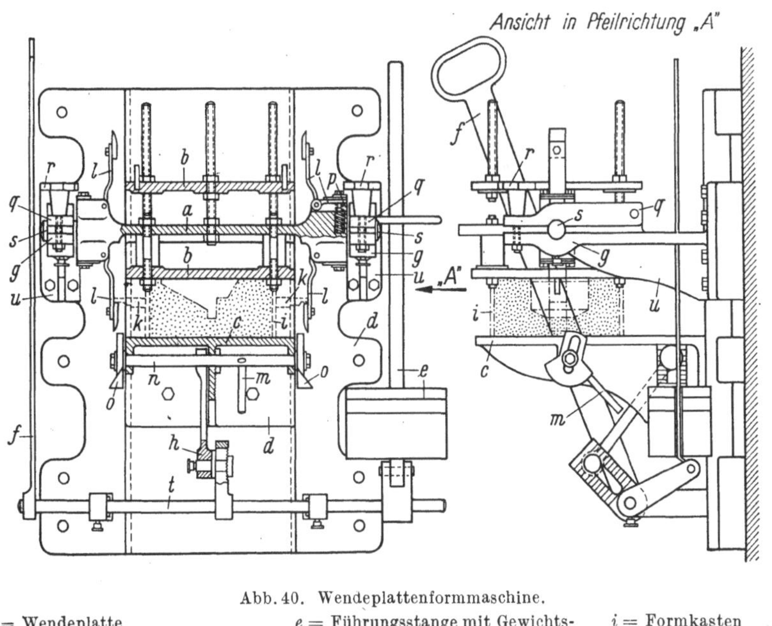

Abb. 40. Wendeplattenformmaschine.

a = Wendeplatte	e = Führungsstange mit Gewichts-	i = Formkasten
b = Modellplatten	ausgleich	k = Forn kastenlappen
c = Absetztisch	f = Absenkhebel	l = Kastenbefestigung
d = Rückenplatte mit Prismen-	g = feststehende Zapfenführung	m = Hebel
führung	h = Zugstange	n = Welle

o = Excenter	r = Sternrad
p = Druckfeder	s = Zapfen
q = klappbare Zapfen-	t = Welle
führung	u = Arme

Die Wendeplatte a in der Abb. 40 ist um ihre Zapfen s in den Zapfenführungen g, q der Arme u schwenkbar. Sie sind an der Rückenplatte d befestigt, die mit Steinschrauben an der Wand angebracht ist. Die obere Zapfenführung q ist klappbar und kann — während des Stampfens — mit Hilfe des Sternrades r festgeklemmt werden. Die Modellplatten b für Ober- und Unterkasten werden mittels Bolzenschrauben auf der Wendeplatte a befestigt.

Der Formvorgang wickelt sich wie folgt ab: Eine Formkastenhälfte wird auf die Unterkastenmodellplatte gesetzt. Dabei drängen die Lappen k des Kastens die an den Kastenbefestigungen l verstellbar angebrachten keilförmigen Nasen nach außen. In dem Augenblick jedoch, wo der Kasten auf der Platte aufsitzt, schnappen die Nasen über die Lappen, so daß der Kasten während des Schwenkens nicht abfallen kann. Das Überschnappen wird durch die Druckfedern p bewirkt. Vor dem Wenden wird der Absenkhebel f um etwa 90° nach unten gesenkt. Dadurch wird die mit der Welle t in Verbindung stehende Zugstange h nach unten bewegt, so daß zwischen Absetztisch c und dem geformten Kasten ein zum Schwenken genügender Zwischenraum entsteht.

Nach dem Schwenken wird der Hebel f, nach oben gehoben, so daß der Absetztisch c fest gegen den Formkasten drückt. Dieser Augenblick ist in der Abbildung festgehalten.

Das Lösen der Kastenbefestigung l geschieht dadurch, daß man den Hebel m um etwa 90° nach oben bewegt, wodurch die auf beiden Seiten der Welle n befestigten Excenter o ebenfalls nach oben gedreht werden und dadurch die Kastenbefestigungen l soweit nach außen spreizen, daß die Lappen des Kastens vorbeigleiten können. Danach fällt die Hilfsvorrichtung m, n, o von selbst wieder in die Ausgangsstellung zurück.

Nunmehr kann der geformte Kasten auf dem Absetztisch c nach unten gleiten. Dabei bewegt der Former den Hebel f mit der linken Hand langsam abwärts, wäh-

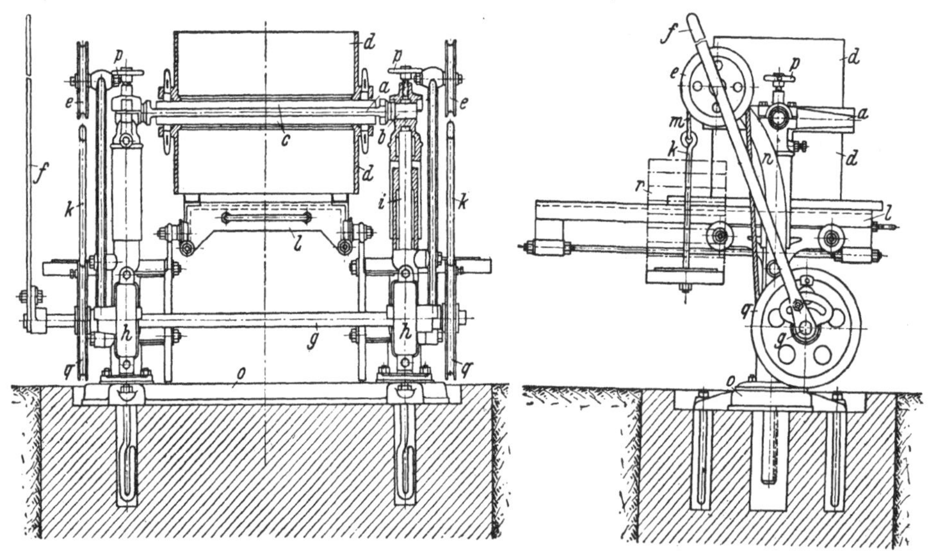

Abb. 41. Wendeplattenformmaschine. (BMD.)

a = Wendeplatte;   b = Wendeplattenzapfen;   c = Modellplatten;   d = Formkästen;   e = Seilrollen;   f = Abhebehebel;   g = Hauptwelle;   h = Zahnräder;   i = Abhebesäulen;   k = Rundstangen für Gegengewichte;   l = Formwagen;   m = Seile für Gegengewichte;   n = Böcke für die Seilrollen;   o = Grundplatte;   p = Feststellschrauben;   q = Befestigungsrollen der Seile;   r = Gegengewichte.

rend er mit der rechten Hand mittels Holzhammer gegen die Wendeplatte klopft, um das Modell vom Sand zu lösen. Absetztisch und Formkasten stehen mit dem Gegengewicht e, das auf einer Führungsstange gleitet, ungefähr im Gleichgewicht. Der Absetztisch c bewegt sich in einer Prismenführung genau winklig zur Rückenplatte d.

Die in Abb. 41 dargestellte Wendeplattenformmaschine besteht im wesentlichen aus zwei seitlichen Säulenführungen, die auf einer Grundplatte q aufgeschraubt sind. In ihnen gleiten die Abhebesäulen i mit den die Wendeplatte a tragenden Zapfen b. Die Säulen i sind unten als Zahnstangen ausgebildet, mit denen die beiden Zahnräder h im Eingriff stehen. Ihre gemeinsame Welle g wird durch den Hebel f gedreht. Zum Ausgleich der anzuhebenden Massen hängen an den Seilen m entsprechende Gegengewichte k. Auf den Formwagen l werden die fertigen Formen abgesenkt und aus dem Bereich der Maschine gefahren. Dieser Formwagen ist bei den neueren Maschinen, wie in der Abbildung, schubladenartig ausgebildet, so daß die Schienen nicht in den Arbeitsplatz hineinragen und den Former behindern. Der Formvorgang wurde bereits oben (Abb. 30 bis 34) erläutert.

Eine Wendeplattenformmaschine von niedriger Bauart und hohem Modellaushub ist in Abb. 42 wiedergegeben. Die Absenkvorrichtung ist zentral angeordnet und verhindert ein Verkanten und Verklemmen. Die Maschine besteht aus dem Bock a mit den beiden Traversen b. Im Innern des Bockes ist ein Führungskolben c mit Zahnstange untergebracht, die in ein auf der Welle k befestigtes Zahnrad eingreift. Durch Abwärtsbewegung des seitlichen Hebels l dreht sich die Welle k und mit dieser das Zahnrad, wodurch der Kolben aufwärts geführt wird. Dadurch wird die Wagenplatte d gegen den an der Unterseite der Wendeplatte g hängenden Formkasten gedrückt (in der Abb. nicht gezeichnet). Die Säulen i stecken in den Manschetten e, die mit den Traversen b verschraubt sind. Sie sind senkrecht verstellbar und ermöglichen

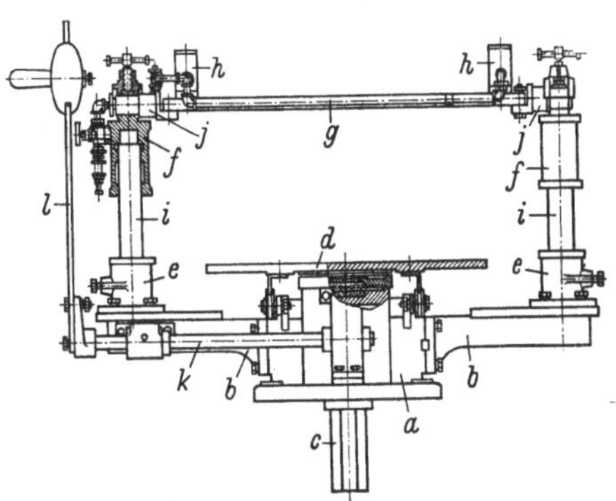

Abb. 42. Große Wendeplattenformmaschine mit Handstampfung. (K.W.A.)

a = Bock; b = Traverse; c = Absenkkolben; d = Wagenplatte; e = Manschette; f = Wendeplattenlager; g = Wendeplatte; h = Vibratoren; i = Säulen; j = Wangen; k = Abhebewellen; l = Hebel.

ein genaues paralleles Einstellen der Wendeplatte zum Formkastenwagen. Die Wendeplattenlager f tragen die Wangen j, auf welchen die Wendeplatte g befestigt ist. Auf letzterer sind die Vibratoren angeschraubt. An der Luftleitung können außerdem ein Abblasehahn und auch ein Preßluftstampfer angeschlossen werden.

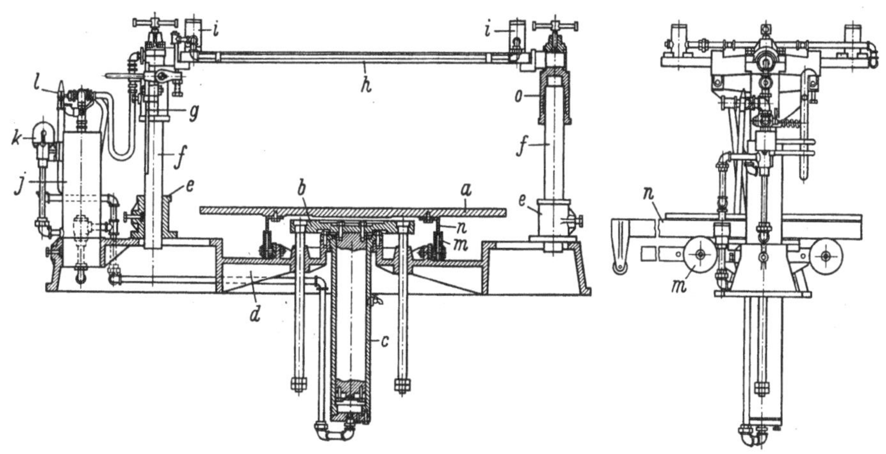

Abb. 43. Wendeplattenformmaschine mit hydraulisch betätigtem Absenktisch. (K.W.A.)
a = Formwagen; b = Kolbenplatte; c = Absenkzylinder; d = Bock; e = Manschetten; f = Säulen; g = Verriegelung; h = Wendeplatte; i = Vibratoren; j = Ölbehälter; k = Absenkventil; l = Abblasehahn; m = Laufrollen; n = Schienen; o = Wendeplattenlager.

An Stelle des Zahnstangengetriebes kann der Formwagen a auch hydraulisch gegen die gewendete Form gehoben werden (Abb. 43). In diesem Falle sind neben der Maschine ein Ölbehälter j und ein Absenkventil k befestigt. Der im Absenkzylinder c steckende Absenkkolben mit Platte b und Wagentisch a wird mittels Druckluft von 6—7 atü, welche auf eine Ölvorlage wirkt, unter den gewendeten

Kasten gehoben. Nach dem Lösen des Formkastens erfolgt seine Absenkung durch Betätigen des Absenkventiles k. Durch ein Steuerventil kann man die Austrittsgeschwindigkeit des Drucköles und damit die Geschwindigkeit des Aushebens in bestimmten Grenzen halten und dadurch der Eigenart und Höhe der Modelle anpassen, so daß ein einwandfreies Abheben gewährleistet ist. Das aus dem Steuerventil austretende Öl läuft in den Ölbehälter wieder zurück. Das Öl macht also einen Kreislauf und braucht nur sehr selten ergänzt zu werden. Da die Betätigungshebel an der linken Seite der Maschine liegen, behält der Former die rechte Hand zum Anlassen der Vibratoren i frei.

Auf dem Bock d sind die beiden Manschetten e aufgeschraubt, in welchen die Säulen f stecken. An ihren oberen Enden sind die Wendeplattenlager o aufgesetzt, von denen das eine mit einer Verriegelung g für die Wendeplatte h versehen ist. Die Wendeplatte h ist auf zwei Lagerzapfen angeschraubt und leicht in den Wendeplattenlagern o schwenkbar. Auf ihr ruhen die Vibratoren i. Zum Abblasen der Modelle dient der Abblasehahn l. Die mit Gegendruckrollen versehenen Schienen n sind nach hinten verlegt und behindern weder den Former, noch ist ein Kippen des herausgefahrenen Formkastenwagens möglich. Sie laufen auf den Rollen m.

Ist keine Preßluft vorhanden, so wird der Hubkolben mit der Kolbenplatte b mittels einer kleinen Ölpumpe bis unter den gewendeten Formkasten gehoben.

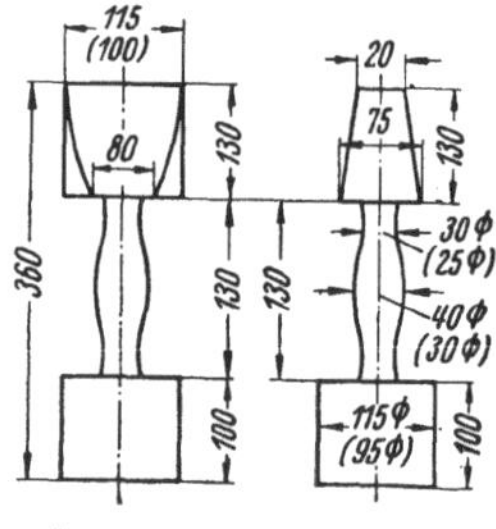

Abb. 44. Handstampfer aus Hartholz, besonders zum Flachstampfen geeignet.

Um die Leistungsfähigkeit der Maschine zu erhöhen, kann man das Verdichten des Sandes mittels Preßluftstampfers vornehmen, sobald es sich um Formkastengrößen von mehr als 500×500 mm handelt. Diese Bankstampfer sind äußerst handlich und bei geschickter Handhabung kann man die Formzeit wesentlich verkürzen. Man stampft spitz vor und durch schnelles Auswechseln der Stampferplatte wird flach nachgestampft.

Bei Formkästen von einer Größe unter 500×500 mm empfiehlt sich die Benutzung von Preßluftstampfern, wegen der geringen Kastenhöhe, nicht. Man verwendet in solchen Fällen vorteilhaft die in Abb. 44 skizzierten Handstampfer, von denen der Maschinenformer in jeder Hand einen führt.

B. Maschinen mit Handpressung.

15. Anordnung des Preßklotzes. Bei sämtlichen Preßformmaschinen, gleichgültig, ob sie von Hand oder mit Preßluft betrieben werden, wirkt entweder ein beweglicher Preßklotz von oben auf den Sandrücken der Form oder der Klotz ist fest und die Form wird gegen ihn gepreßt. Er muß so angeordnet sein, daß er, wenn nicht gepreßt wird, den Raum über dem Formtisch vollkommen freiläßt, damit der Former unbehindert den auf der Modellplatte stehenden Kasten vorbereiten, den Modellsand aufsieben, den Füllrahmen aufsetzen und den Haufensand auffüllen sowie die Form abstreichen, abheben und absetzen kann. Der Preßholm muß also beweglich und nur zum Pressen über die Form zu bringen sein. Hierfür ordnet man ihn auf vier verschiedene Arten an: ausfahrbar, zurücklegbar, ausschwenkbar und hochklappbar.

Sehr wesentlich dabei ist, daß die Preßplatte genau parallel zur Modellplatte liegt. Man erreicht dadurch ein gleichmäßiges Verdichten des Sandes über den ganzen Kasten. Es empfiehlt sich daher, die Preßplatte des öfteren auf ihre Parallelität zur Modellplatte zu prüfen.

16. Stapelguß. Bei niedrigen, nicht zu großen Gußstücken kann man durch Anwendung des sog. Stapelgußverfahrens erheblich an Formzeiten und namentlich an Formkästen sparen (Abb. 45—49). Es besteht darin, daß man die obere Hälfte des Modelles an der Preßplatte, die untere auf dem Maschinentisch befestigt. Nach Aufsetzen des Formkastens nebst Füllrahmen, Einschaufeln und Glattstreichen des Sandes wird die Form gepreßt. Dabei dringt der obere Modellteil in den Sandrücken, der untere in den Sandspiegel der Form ein; es entsteht infolge dieser Doppelpressung eine Kastenform, die auf beiden Flächen je eine Halbform besitzt (Abb. 48). Die untere Formseite wird durch Rückenpressung verdichtet, die obere durch Eindrücken des Modelles, letztere ist daher stets etwas fester. Das ist vorteilhaft, denn beim Guß bildet sie den unteren Formteil. Die hochgehende Preßplatte zieht den oberen Modellteil aus der Form, worauf durch Abhebestifte der Kasten von der auf dem Formtisch befestigten unteren Modellplatte getrennt wird. Die Eingußtrichter und Anschnittkanäle zum Forminnern werden gleich mitgepreßt. Setzt man nun solche Doppelpreßformen aufeinander, so bildet ein Kasten gleichzeitig den Oberkasten für den darunterliegenden und den Unterkasten für den darüber befindlichen. Alle so entstandenen Formen sind durch einen gemeinsamen Einguß miteinander verbunden. So benötigt man beispielsweise für zehn Formen nur elf Formkästen gegenüber zwanzig mit einfacher Pressung bei einer Arbeitsersparnis von 50% und einer fast gleich großen Formsandersparnis. Hinzu kommen ein vereinfachtes Abgießen und eine Verringerung der Eingüsse. Nicht zu vergessen ist auch die große Ersparnis an Bodenfläche infolge des Aufeinandersetzens einer großen Zahl von Formen, die sonst nebeneinander gestellt werden müßten. Das Stapelgußverfahren ist für Herdringe, Gaskochplatten, Nähmaschinenschwungräder und andere niedrige Teile sehr geeignet, dagegen nicht für solche von nennenswertem Gewicht, weil hierbei infolge der hohen Flüssigkeitssäule die im unteren Stapelteil liegenden Abgüsse schwerer und unansehnlicher werden als die oberen. Aus diesem Grunde ist die Stapelhöhe begrenzt. Gewöhnlich setzt man 10—12 Kästen übereinander.

Als Sonderfall des Stapelgusses sei die Herstellung von Kolbenringen nach dem Einzelringverfahren erwähnt. Die Ringe haben viereckigen Querschnitt und sind um den in der Mitte befindlichen Einguß angeordnet. Da es sich um ungeteilte Modelle handelt, kommt man mit *einer* Modellplatte aus. Die Preßplatte ersetzt die zweite. Die Formkästen haben eine Größe von etwa

Abb. 45. Abguß.

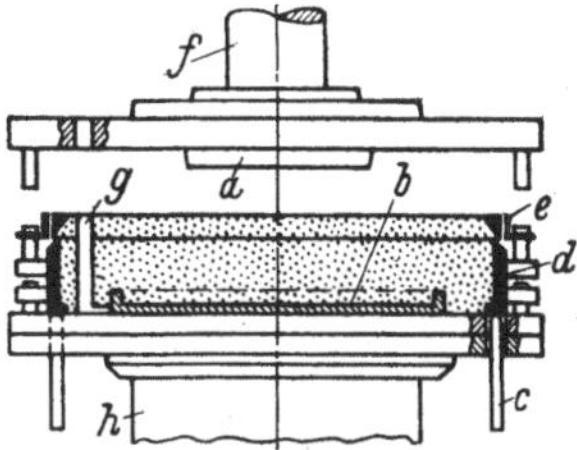

Abb. 46. Formkasten mit Füllrahmen, sandgefüllt.

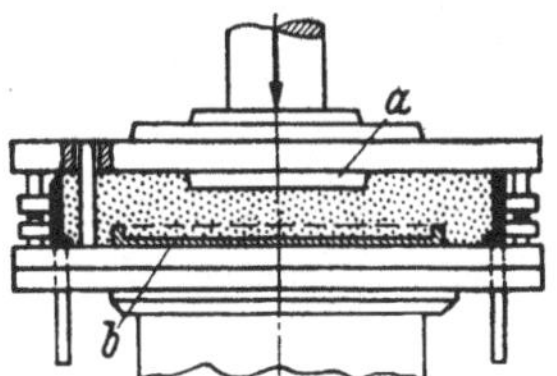

Abb. 47. Form verdichtet.

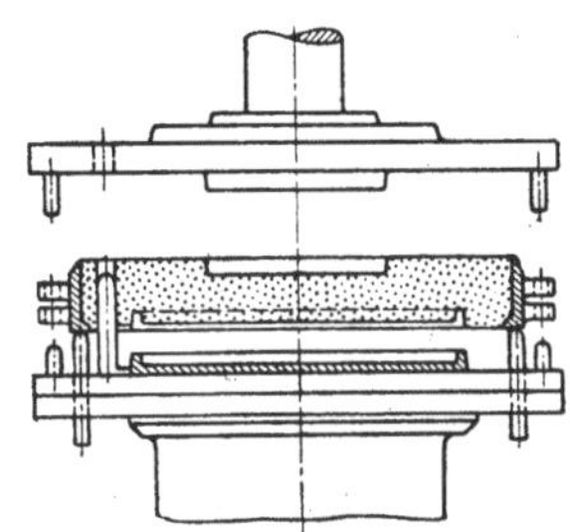

Abb. 48. Oberes Modell aus- und dann Formkasten abgehoben.

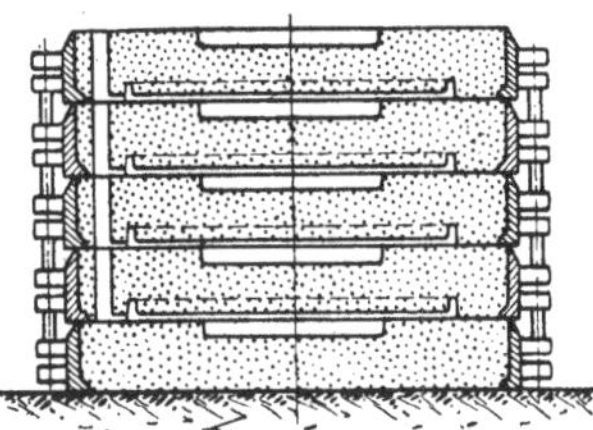

Abb. 49. Abgußfertiger Stapel.

Abb. 45—49. Herstellung von Stapelguß. (BMD.)

a = Modellunterteil; b = Modelloberteil; c = Abhebestifte; d = Formkasten; e = Füllrahmen; f = Preßkolben; g = Eingußmodell; h = Maschinengestell.

$370 \times 370 \times 40$ mm und sind vollkommen den Erfordernissen einer wirtschaftlichen Massenherstellung angepaßt. Die geringen Gewichte der Abgüsse von nur einigen Gramm gestatten eine Stapelhöhe von etwa 20 Kästen bei größter Maßhaltig-

Abb. 49a. Kolbenringformerei.

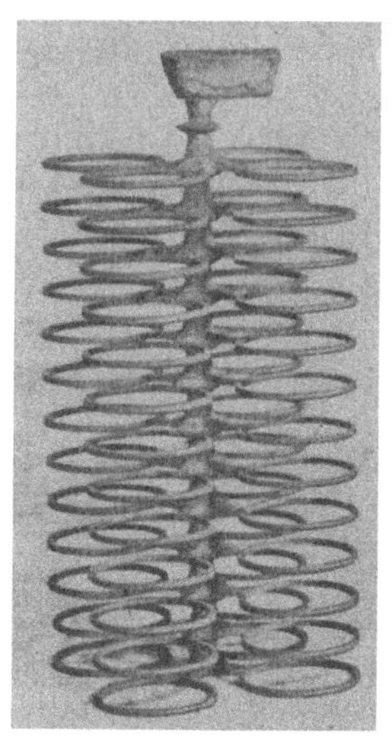

Abb. 49b. „Tannenbaum" mit 52 Ringen.

keit der Rohlinge. Preß- und Modellplatte sind plan geschliffen und elektrisch beheizt. Artikel wie Kolbenringe stellt man wirtschaftlicher auf einer Druckluftformpresse nach Abb. 56 u. 57 her, auf welcher ganz beachtliche Leistungen erzielt werden. Abb. 49a zeigt einen mit 6 Kolbenringen geformten Kasten. Die Einzelheiten sind auf der Modellplatte im Vordergrund deutlich zu erkennen. Zentraler Einguß. Jedes Ringmodell ist mit einem „Knöpfchen" versehen als Sammler von Schmutz und mattem Eisen. Abb. 49b zeigt den fertigen Guß aus 13 Kästen zu je 4 Ringen.

17. Die Kurbelpreßformmaschine Abb. 50 wurde als erste brauchbare Handpreßformmaschine um 1890 von HILLERSCHEIDT gebaut. Sie arbeitet mit zurücklegbarem Preßholm und Schlaghebelwirkung. Die HILLERSCHEIDT-Maschine hat eine sehr große Verbreitung gefunden und den gesamten Formmaschinenbau viele Jahre hindurch stark beeinflußt. Bei den älteren Maschinen mußte beim Pressen das ganze Gewicht von Modellplatte und Form gegen den Preßklotz gehoben werden, was die Arbeit sehr erschwerte. Bei den neuen Anordnungen, wie sie heute wohl von fast allen Formmaschinenfirmen gebaut werden, zieht man den Preßklotz nach unten auf die festliegende Form. Der Arbeitsgang vollzieht

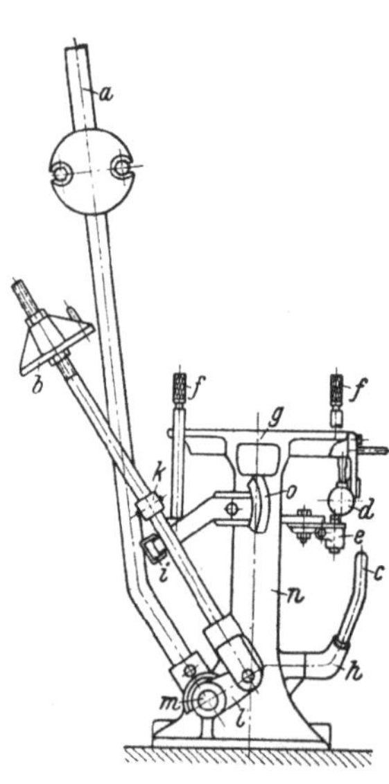

Abb. 50. HILLERSCHEIDT-Form-
presse.

a = Preßhebel; b = Preßbrücke;
c = Abhebehebel; d = Losklopfer;
e = Hubplatte; f = Abhebestifte;
g = Arbeitstisch; h = Abhebe-
kurbelwelle; i = Stützpuffer; k =
Sperranschläge; l = Preßkurbel;
m = Preßwelle; n = Maschinen-
gestell; o = Führungen.

sich so, daß nach Aufsetzen des Formkastens mit dem Füllrahmen auf den Arbeitstisch g, Aufsieben des Modellsandes und Füllen mit Haufensand der Preßholm b nach vorn über die Form gezogen wird, wobei durch Anlegen der Sperranschläge an den Holmstangen gegen die Führungen o deren senkrechte Lage gesichert wird. Durch Herunterschnellen des gewichtsbelasteten Hebels a wird dann gepreßt. Nach Wiederhochziehen des Hebels a in die gezeichnete Lage wird der Holm b zurückgeschwenkt, bis er gegen die Stützpuffer i anliegt und die Form freigibt. Nach Abstreichen des Formrückens wird nunmehr durch Herumlegen des Hebels c mittels der vier Abhebestifte f unter gleichzeitiger Betätigung des Losklopfers d abgehoben.

18. Die Kurvenscheibenpreßformmaschine gestattet das Verdichten des Sandes mit geringerem Kraftaufwand als bei der Kurbelpresse. Die in Abb. 51 dargestellte Maschine entspricht in ihrer Bauart und Handhabung derjenigen in Abb. 38. Das Verdichten des Sandes jedoch wird durch Pressen ausgeführt. Dabei läßt man den Preßhebel a (Abb. 52) auf eine Kurvenscheibe b wirken, die, mit einem Preßkolben c verbunden, im seitlich ausschwenkbaren Preßholm f untergebracht ist. Die Kurvenscheibe b ist so gestaltet, daß die Preßwirkung in dem Augenblick am stärksten ist, wo der Sand den größten Widerstand bietet, d. h. am Ende des Pressens. Die Kurvenscheibe b ist auf eine waagerechte Welle d aufgekeilt, die durch den Preßhebel a gedreht wird. Eine Rolle e überträgt die Kurvenscheibenbewegung auf den die Preßplatte g tragenden Kolben c, der in dem Zylinder h gut geführt wird. Die Zugfedern i erleichtern die Rückwärtsbewegung der Preß-

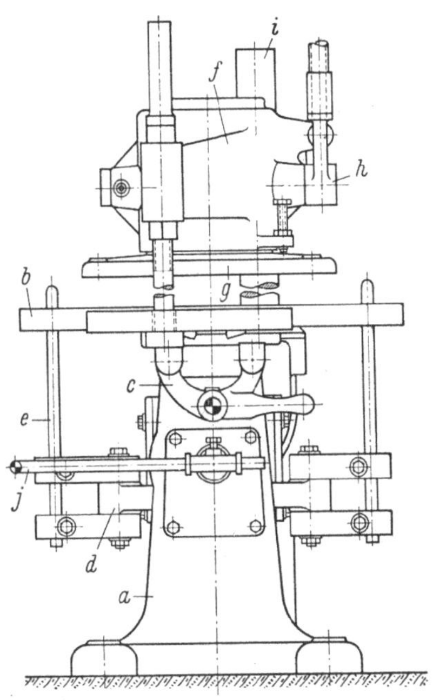

Abb. 51. Handformmaschine mit Pressung durch Kurvenscheibe. (K.W.A.)

a = Bock; b = Tischplatte; c = Losklopfer; d = Abhebebrücke; e = Abhebestift; f = Preßholm; g = Preßplatte; h = Preßhebel; i = Säule; j = Abhebehebel.

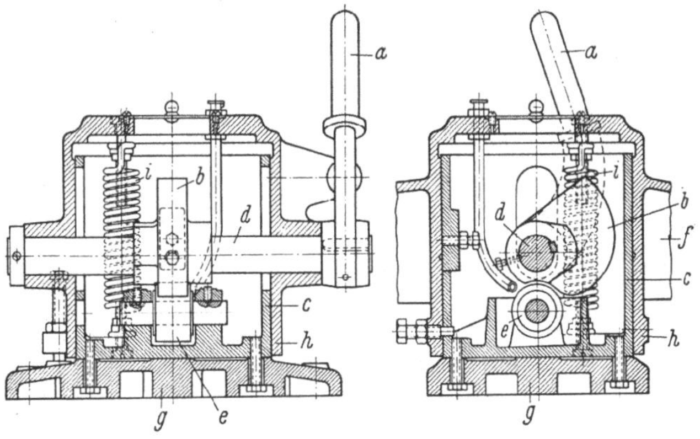

Abb. 52. Preßvorrichtung mittels Kurvenscheibe bei der Handpreßformmaschine. (K.W.A.)

a = Preßhebel; b = Kurvenscheibe; c = Preßkolben; d = Welle; e = Rolle; f = Preßholm; g = Preßplatte; h = Zylinder; i = Zugfeder.

vorrichtung nach dem Pressen. Bei ausgeschwenktem Preßholm f wird die Form mit Sand gefüllt, worauf eingeschwenkt und gepreßt wird. Nach Wiederausschwenken der Presse wird der Sand abgestrichen und die Form durch Anheben des Hebels *g* abgehoben. (Vgl. Abschn. 12.)

In Abb. 53 ist die in Abb. 42 dargestellte und ausführlich beschriebene Wendeplattenformmaschine mit einem seitlich ausschwenkbaren Preßholm *g* versehen worden. In ihm ist als Preßmechanismus eine Kurvenscheibe *m* untergebracht. Die Wirkungsweise entspricht vollkommen den an Hand der Abb. 52 gemachten Ausführungen. Die Lager der Wendeplatte *b* können entsprechend den wechselnden Kastenhöhen so eingestellt werden daß die Wendeplatte *b* genau parallel zur Wagenplatte *c* liegt. Die Arbeitsweise dieser Maschine wurde in Abschnitt 14, Abb. 42, genau beschrieben.

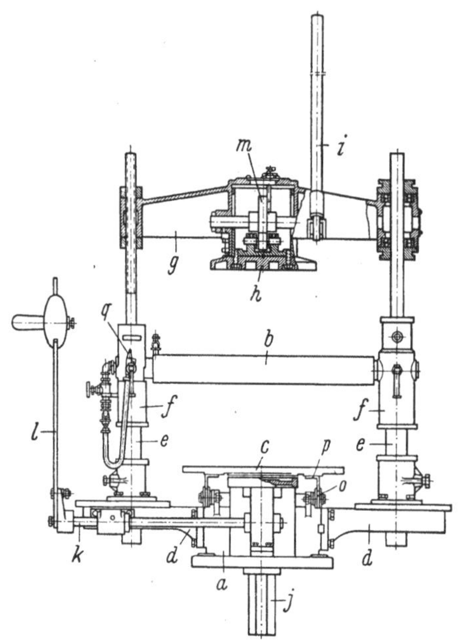

Abb. 53. Wendeplattenpresse. (K.W.A.)

a = Bock; *b* = Wendeplatte; *c* = Wagenplatte; *d* = Traversen; *e* = Säulen; *f* = Wendeplattenlager; *g* = Preßholm; *h* = Preßplatte; *i* = Hebelrohr; *j* = Absenkkolben; *k* = Abhebewelle; *l* = Hebel; *m* = Exzenter; *o* = Laufrollen; *p* = Winkeleisenschienen; *q* = Abblasehahn.

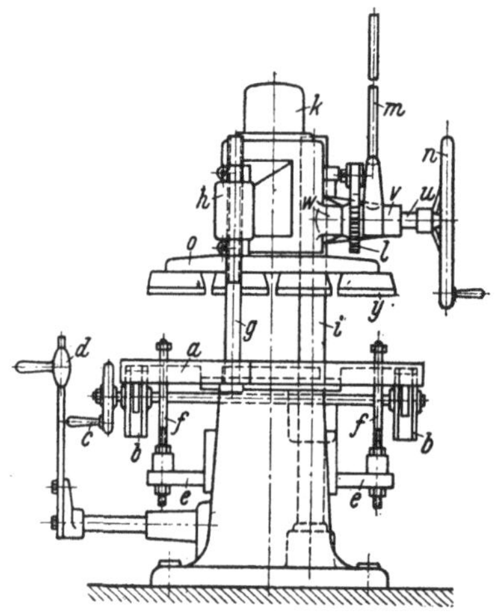

Abb. 54. Stiftabhebepresse für größere Formen. (K.W.A.)

a = Formtisch; *b* = Losklopfer; *c* = Handrad zum Losklopfer; *d* = Abhebehebel; *e* = Träger der Abhebestifte; *f* = Abhebestifte; *g* = Zugstange; *h* = Preßholm; *i* = Schwenksäule; *k* = Presse *l* = Klinkgesperre; *m* = Preßhebel; *n* = Vorpreßrad; *o* = Preßplatte; *p* = Kolben; *q* = Preßspindel; *r* = Hubbegrenzung; *s* = Kegelrad mit Gewindemutter; *t* = Antriebskegelrad; *u* = Preßwelle; *v, w* = Preßwellenlager; *x* = Drucklager; *y* = Preßklötze.

19. Zweistufiges Pressen mittels Schraubspindel. Für größere Formflächen reicht die mit der einfachen Kurvenscheibenpresse erzielbare spezifische Sanddichte nicht mehr aus. Handelt es sich um niedrige Formen von 120 mm Kastenhöhe bis zu etwa 5000 cm² Fläche, so kann man sich mit zweistufiger Pressung helfen. Der Aufbau einer solchen Maschine (Abb. 54) ist der vorigen ähnlich. Abgehoben wird durch Umlegen des Hebels *d*. Er wirkt durch einen Kurbeltrieb mit Gleitrolle und Kulisse auf eine in der Mittelachse des Hohlständers senkrecht verschiebbare Hubsäule, die den Träger *e* mit den vier Abhebestiften *f* anhebt. Das Losklopferad *c* betätigt bei dieser größeren Tischfläche vier Hebelenden, die gleichzeitig gegen vier Anschläge *b* der Tischplatte *a* schlagen. Die Preßvorrichtung *k* ist in dem ausschwenkbaren Holm *h* untergebracht und bildet eine große zylindrische Führung für den die Preßplatte *o* tragenden Hohlkolben *p* (Abb. 55). Mit der Preßspindel *q* ist die Preßplatte *o* fest versplintet. Sie steckt in der als Mutter ausgebildeten langen Nabe des Kegelrades *s*, das mit einem zweiten, auf der waagerechten Welle u festgekeilten Kegelrad t kämmt. Die Welle u ist bei v und w im Preßholm h gut gelagert und kann durch das aufgekeilte Handrad n gedreht werden. Der Nachpreßhebel m ist mit seiner Nabe frei auf der Welle u drehbar und kann beim Vorziehen mittels einer Klinke ein auf der Welle u befestigtes Sperrad drehen, wobei er die Welle mitnimmt. Beim Zurückschwenken gleitet dagegen die Klinke ähnlich wie bei der bekannten Bohrknarre über die Sperrzähne zurück, ohne daß sich die Welle u mitdreht. Der axiale Druck in der Schraubspindel q wird vom Kugellager x aufgenommen, während ihr Hub nach unten durch den Stellring r begrenzt wird. Nach Aufsetzen und Füllen des Formkastens nebst Füllrahmens mit Sand wird das Handrad n so lange gedreht, bis der Verdichtungswiderstand zu groß wird. Dann zieht der Former den Handhebel m vor, dessen großer Hebelarm die Ausübung einer sehr starken Nachpressung durch weiteres Herunterdrücken der Preß-platte o ermöglicht. Es genügen ein bis zwei Umdrehungen des Handrades n, um die Form so weit vorzuverdichten, daß die Fertigpressung mit ein- bis zweimaligem Vorziehen des Hebels m erreicht wird. Der Stellring r wird so hoch befestigt, daß die Sandverdichtung genau die richtige Größe erhält, d. h. daß die Unterflächen der Preßklötze y nach dem Pressen genau

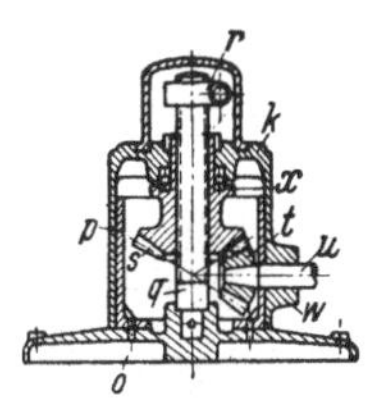

Abb. 55. Preßvorrichtung zu Abb. 54. (K.W.A.)

mit dem oberen Formkastenrand abschneiden. Ist die Preß-vorrichtung einmal für eine bestimmte Modellplatte eingestellt, so erhalten sämt-liche auf ihr gepreßten Formen auch genau die gleiche Dichte. Nach Ausschwenken des Holmes h wird in bekannter Weise durch Vorziehen des Hebels d abgehoben. Das Gegengewicht bewirkt dabei, daß die den Kasten tragenden Abhebestifte in höchster Stellung stehenbleiben, so daß die Form bequem abgesetzt werden kann.

20. Fahrbare Formmaschinen, einerlei ob Handformpressen oder mit Druck-luft betriebene Rüttelpressen, haben den Zweck, die auf ihnen hergestellten Formen in unmittelbarer Nähe der Maschine abzusetzen. Es soll dadurch die Zeit ein-gespart werden, die durch das Zurücklegen des Weges von Maschine zum Absetz-platz und zurück aufgewendet werden muß. Die Summe dieser Wegstrecken kann im Laufe eines Tages ganz beachtlich sein. Man darf außerdem nicht unberück-sichtigt lassen, daß dadurch die Former unnötig ermüdet werden. Sehr beliebt sind die fahrbaren Formmaschinen in Amerika. Der Formsand liegt dann schwadenförmig rechts von der Maschine. In dem Maße, wie er verarbeitet wird, schiebt man die Maschine vorwärts. Für diese Arbeitsweise eignen sich besonders Handformpressen mit Stiftenabhebung, von denen man zwei Maschinen zusammen-arbeiten läßt, und zwar je eine für Unter- und Oberkasten. In Deutschland haben sich die fahrbaren Formmaschinen weniger durchgesetzt, so daß ihr Bau von manchen Firmen wieder eingestellt worden ist.

C. Maschinen mit Druckluftpressung.

Bei den bisher behandelten Maschinen wurde das Sandverdichten durch Hand-pressung vorgenommen. Ein derartiger Formmaschinenbetrieb ist zweifellos in der Anschaffung und Unterhaltung billig und außerdem äußerst betriebssicher. Die körperlichen Anstrengungen sind allerdings nicht zu unterschätzen. Die hohen Leistungen, die man in den letzten Jahren von den Formmaschinen verlangte, waren nur durch mit Druckwasser oder Druckluft betriebene Maschinen zu er-reichen. Wie bereits an anderer Stelle mitgeteilt (Abschnitt 11), hat die Preßluft als Antriebskraft das Druckwasser völlig verdrängt. Eine leistungsfähige Gießerei ohne eine zuverlässige Preßluftanlage ist heute gar nicht mehr denkbar. Man hat nicht nur das Verdichten des Sandes, sondern auch das Trennen von Modell und

Form durch Preßluft ersetzt. Die Druckluftabhebung wird man besonders bei größeren Formgewichten wählen. Ihr Vorzug besteht namentlich darin, daß sie gleichzeitig kleine und große Aushebehube gestattet, sich einfach aufbaut und infolge der Zwischenschaltung von Öl als Druckübertragungsmittel eine feine Regelung der Abhebegeschwindigkeit gestattet. Die Preßluft bietet noch andere Vorteile und Annehmlichkeiten, wobei z. B. an das Losklopfen der Modelle durch Vibratoren und an das Abblasen der Modellplatten mittels Abblasepistolen gedacht sei. Wegen der Gestehungskosten von Preßluft sei auf Abschnitt 11 verwiesen.

21. Die Preßformmaschine mit Druckluftabhebung (Abb. 56 und 57) arbeitet mit einem zurücklegbaren Preßholm e, dessen Höhenlage durch Klötze h in Verbindung mit den Verzahnungen der Holmstützen g entsprechend der Formkastenhöhe und genau waagerecht einstellbar ist. Der Preßkolben b ist reichlich bemessen, Kolbenringe verhindern in Verbindung mit der großen Kolbenlänge das Entweichen

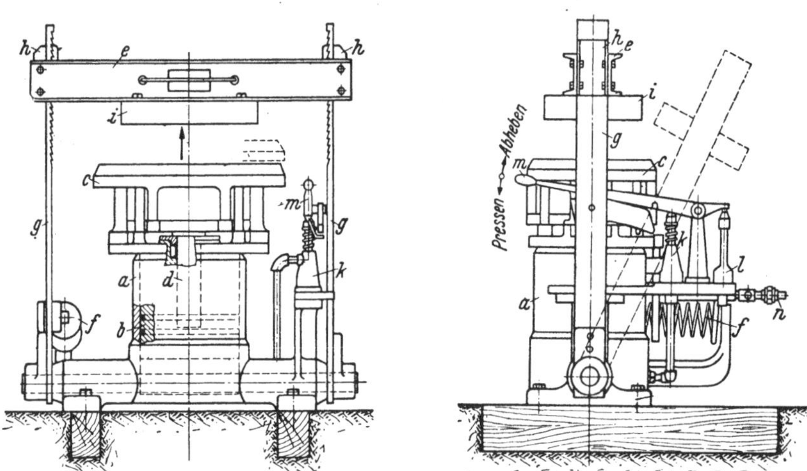

Abb. 56 u. 57. Druckluftformpresse. Ausführung: Gießerei- u. Werkzeugmaschinenfabrik m. b. H., Frankfurt a. M.-Höchst (G.W.F.).

a = Preßzylinder; b = Preßkolben; c = Abheberahmen; d = Abhebekolben; e = Preßholm; f = Ausgleichsfeder; g = Preßholmtragstangen; h = Einstellklötze; i = Preßklotz; k = Preßventil; l = Abhebeventil; m = Steuerhebel; n = Druckluftanschluß.

von Luft zwischen Kolben b und Zylinder a. Das Modell wird durch Übertragung des Luftdruckes auf Öl mittels des Kolbens d abgehoben. Beim Öffnen des Abhebeventils l wird zugleich selbsttätig ein Vibrator zum Lockern des Modells in Gang gesetzt. Das Schwenkjoch e ist durch eine Feder f ausgewuchtet und daher leicht beweglich. Der Abheberahmen c dient gleichzeitig als Füllrahmen und ist der Kastenhöhe entsprechend einstellbar. Nach Aufsetzen des Kastens auf den Rahmen c wird er mit Sand gefüllt und abgestrichen. Dann wird das Joch e vorgezogen und durch Niederdrücken des Steuerhebels m gepreßt, worauf man durch eine Rückbewegung des Steuerhebels den Preßkolben mit der auf ihm stehenden Form wieder absinken läßt. Nach Zurückschwenken des Preßholmes e werden durch Aufwärtsziehen des Steuerhebels m nunmehr Abhebeventil l und Vibrator eingeschaltet, worauf der Abheberahmen erst langsam, dann schnell hoch steigt und die Form vom Modell trennt. Sie bleibt in höchster Lage stehen und kann abgesetzt werden. Durch Herunterdrücken des Steuerhebels m in die Mittellage wird der Luftauslaß des Abhebekolbens d geöffnet und der Abheberahmen c sinkt beschleunigt in seine Grundstellung zurück. Diese Maschine eignet sich in Verbindung mit elektrisch beheizten Modellplatten ausgezeichnet für die Herstellung von Stapelguß. Die

Rahmenabhebung kann durch Abhebestifte ersetzt werden, ohne daß sich sonst wesentliches ändert.

22. Die Preßwendeformmaschine (Abb. 58 und 59) vereinigt die Arbeitsweise der einfachen Abhebemaschine mit der einer Wendeplattenformmaschine. Die Formeinrichtung besteht aus dem zurücklegbaren Preßjoch c, dessen Tragstangen d, der Preßbrücke f und dem Preßzylinder i und ist in dem Ständer a in dem Zapfen b um 180° schwenkbar. Die einzelnen Arbeitsgänge erfolgen zwangläufig durch Preßluft. Durch Niederdrücken des Ventilhebels wird außerordentlich schnell gewendet. Die Wendebewegung wird kurz vor der Endstellung selbsttätig abgebremst. Eine Erschütterung der Maschine beim Zurückwenden nach dem Modellabhub ist ausgeschlossen. Die Maschine ist niedrig gebaut und von dem Former leicht zu bedienen. Zur Steigerung des Ausbringens lassen sich Sandbunker darüber anbringen, wodurch das körperlich ermüden de Einschaufeln des Sandes weg-

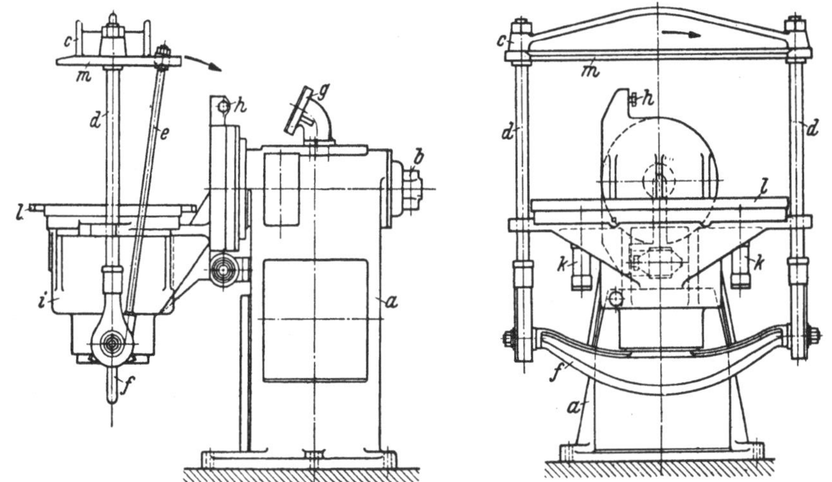

Abb. 58 u. 59. Preßwendeformmaschine. (G.W.F.)

a = Maschinenständer; b = Drehzapfen für die Presse; c = Preßjoch; d = Tragstangen; e = Versteifungsstangen; f = Preßbrücke; g = Anschlag für das Preßjoch; h = Anschlag für das Wenden; i = Preßzylinder; k = Vibratoren; l = Formtisch; m = Preßplatte.

fällt. Sämtliche Bedienungshebel sind auf der Vorderseite der Maschine angebracht, wodurch eine bequeme Handhabung ermöglicht wird. Der im Preßzylinder i steckende Preßkolben ist durch die untere Preßbrücke f mit dem oberen Preßjoch c durch die Stangen d fest verbunden und drückt die Gegendruckplatte m auf den Formrücken, wodurch der Sand verdichtet wird. Nach dem Pressen wird um 180° geschwenkt. Da die Form zwischen Gegendruckplatte m und Formtisch l festgeklemmt wird, ist eine besondere Verriegelung nicht nötig. Das Abheben erfolgt unmittelbar nach dem Wenden zwangläufig durch Absenken der Preßplatte m mit den darauf befindlichen Formen bei gleichzeitigem Vibrieren. Die Vibratoren k sind unter dem Tisch l angebracht. Da die als Absenktisch dienende Preßplatte während des Pressens und Absenkens stets ihre genaue parallele Lage zum Tisch beibehält, ist der Modellabhub unbedingt genau. Man kann sowohl niedrige als auch hohe Formen mit äußerster Genauigkeit und Geschwindigkeit herstellen. Die Geschwindigkeit des Absenkens wird durch die aus dem Preßzylinder i austretende Luft geregelt. Die Bewegungen: „Pressen, Vibrieren und Absenken" werden mit einem einzigen Ventil gesteuert und erfolgen schnell nacheinander durch Drehen des Ventilhandgriffes von links nach rechts. Neben der Maschine kann ein um eine

senkrechte Achse beweglicher Schwenkarm angeordnet werden, der nach dem Einschwenken so vor der Preßplatte liegt, daß die darauf befindlichen Formen ohne
Anstrengung von der Maschine abgesetzt werden können. Bei kleineren Formen
können Ober- und Unterkasten gleichzeitig geformt werden.

23. Die fahrbare Formpresse Abb. 60 mit ausschwenkbarem Preßholm k, in dem
auch die Druckluftpresse l untergebracht ist, arbeitet mit Stiftenabhebung von
Hand. Die Abhebevorrichtung ist durch eine Feder ausgewuchtet, so daß ein lang-
sames Ausheben des Modells bis zur erfolgten Trennung vom Sande gesichert ist.
Ein Losklopfer g lockert dabei das Modell. Der Sand wird verdichtet durch Betätigung des Steuerhebels n, nach dem Einschwenken des Querhauptes k. Sobald

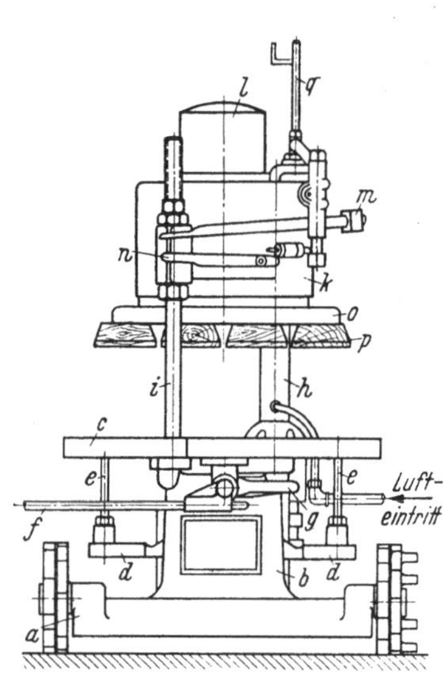

Abb. 60. Fahrbare Formpresse mit Handabhebung. (K.W.A.)

a = Fahrbares Untergestell; b = Hohlge-
stell mit Abhebemechanismus; c = Arbeitstisch; d = Kulissenträger der Abhebestifte;
e = Abhebestifte; f = Abhebehebel; g =
Losklopfer; h = Schwenksäule; i = Zugstange; k = Preßholm; l = Preßzylinder;
m = Druckeinstellung; n = Steuerhebel;
o = Preßplatte; p = Preßklötze; q = Auf-
hänger für Füllrahmen.

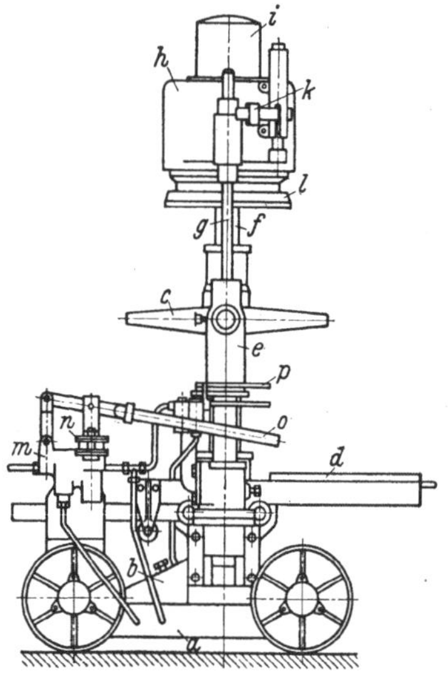

Abb. 61. Wendeplattenpresse mit Öl-
Luft-Abhebung. (K.W.A.)

a = Fahrbares Untergestell; b = Hohl-
gestell mit Abhebekolben; c = Wendeplatte; d = Formwagen; e = Wendeplattenlager; f = Schwenksäule; g =
Zugstange; h = Preßholm; i = Preßzylinder; k = Druckeinstellung; l =
Preßplatte; m = Luftventil; n = Öl-
bremsventil; o = Hebel für den Abhebekolben; p = Hebel zum Absenken
der Form.

der für die jeweilige Kastengröße notwendige Druck, der durch das Laufgewicht m
eingestellt wird, erreicht ist, geht der Preßkolben von selbst wieder zurück. Durch
diese besondere Druckregelung erreicht man eine gleichmäßige Sandverdichtung,
unabhängig von Druckschwankungen in der Luftzufuhr und der Sandaufgabe. Eine
besondere Sicherung sorgt dafür, daß die Presse nur bei richtig eingeschwenktem
Preßholm k betätigt werden kann.

24. Die Wendeplattenformpresse Abb. 61, gleichfalls in fahrbarer Ausführung
dargestellt, mit seitlich ausschwenkbarem Preßholm h, besitzt dieselbe Preßeinrichtung wie die vorhergehende Anordnung, während die gewendete Form von der
Wendeplatte durch Druckluft mit Ölübertragung abgesenkt wird, wie oben bereits
beschrieben. Mit Hilfe der eingeschriebenen Buchstabenbezeichnungen dürfte somit die Wirkungsweise dieser Maschine ohne weiteres verständlich sein.

D. Rüttelformmaschinen.

25. Allgemeine Anforderungen und Baugrundlagen. Das Verdichten des Sandes durch Rütteln ist im Abschnitt 3 ausführlich behandelt worden. Es eignet sich für Modelle aller Art von mehr als 200 mm Höhe. Es gibt wohl überhaupt kein Modell, das sich nicht für das Rüttelformverfahren eignet. Dabei bieten auch unterschnittene Teile kein Hindernis, wenn beim Rütteln entsprechend verfahren wird. Ein wesentlicher Faktor beim Rüttelvorgang ist die Fallgeschwindigkeit des Rütteltisches. Sie darf nicht größer sein als die Schwerkraftbeschleunigung des Sandes. Gegen diesen Grundsatz ist anfangs bei dem Bau von Rüttlern häufig verstoßen worden. Die Rüttelstöße erfolgten zu rasch aufeinander. Der Rütteltisch war schon wieder im Begriff sich zu heben, während der Sand noch nach unten rutschte. Die Folge davon war trotz langanhaltenden Rüttelns eine zu lockere, nicht verwendbare Form. Wesentlich ist ferner, daß kein Rückprall des Rütteltisches nach erfolgtem Stoß eintritt, weil dadurch die Stoßwirkung teilweise vernichtet und der bereits verdichtete Sand wieder gelockert wird.

Eine weitere wichtige konstruktive Forderung ist das richtige Verhältnis zwischen Durchmesser und Länge des Rüttelkolbens. Ist nämlich der Kolben zu kurz, so legt er sich nur an die Seite der Zylinderwand an, die unter dem schwersten Teil der Form liegt. Dadurch tritt leicht ein Nachschlagen der weniger stark belasteten Tischseite ein. Die Folge davon ist eine ungleichmäßige Sandverdichtung. Eine genügende lange Führung des Kolbens ist also Hauptbedingung. Dadurch wird gleichzeitig eine allseitige Berührung der Stoßflächen erreicht, wodurch andererseits Nacherschütterungen vermieden werden. Den Eigenerschütterungen des Rütteltisches kann man durch eine kräftige, gut verrippte Ausführung begegnen. Dieser Punkt muß ganz besonders im Großrüttlerbau genau beachtet werden; denn Schwingungen des Rütteltisches werden auf die Modelleinrichtung übertragen und beeinflussen die Sandverdichtung nachteilig.

Für den Former ist es wichtig, daß die Modellplatte allseitig auf dem Rütteltisch aufliegt und gut befestigt wird; denn Eigenerschütterungen verursachen Risse in der Form.

Der in Abb. 130 dargestellte Kernrüttler läßt sich ohne weiteres auch zum Rütteln von Formen verwenden. Versieht man ihn mit einer Einrichtung zum Ausheben der gerüttelten Form, so entsteht die Rüttelformmaschine. Je nach Art der Modelle wendet man eines oder zwei der in Abschnitt 3 ausführlich beschriebenen Verfahren an. Die zahlreichen Bauarten von Rüttelformmaschinen sind in ihrem Aufbau grundsätzlich gleich. Sie unterscheiden sich nur in Einzelheiten voneinander. Bei dem *Kleinrüttler* mit einem Hubvermögen von 200 bis 750 kg kann entweder der Zylinder feststehen und der Rüttelkolben beweglich sein, oder umgekehrt kann man den Rütteltisch mit dem Zylinder vereinigen, der sich dann über einem feststehenden Kolben bewegt. Besondere äußere Steuerungen für Luftein- und -austritt sind bei diesen Kleinrüttlern nicht vorgesehen, sie werden vielmehr ähnlich wie die bekannten Preßluft-Werkzeuge durch Kanäle gesteuert, die von der Kolbenkante überdeckt bzw. freigegeben werden.

Im allgemeinen arbeitet man mit Druckluft von 6 atü. Die Hubzahl beträgt etwa 120—150 Hübe je Minute. Die zum Verdichten des Sandes erforderliche Anzahl Hübe hängt von der Höhe der Form und der Sandbeschaffenheit ab. Es sind etwa 30—60 Hübe erforderlich. Der Druckluftverbrauch wird leider von den Firmen gar nicht oder zu niedrig angegeben. Für die Planung einer Preßluftanlage ist diese Angabe sehr wesentlich. Um später nicht enttäuscht zu werden, bemesse man die Anlage nicht zu klein und sehe an geeigneter Stelle Preßluftkessel vor (Abschnitt 11).

26. Der Kleinrüttler Abb. 62—64 ist mit feststehendem Kolben gebaut. Nach Aufsetzen des Formkastens f mit Füllrahmen g und Einschaufeln des Sandes wird

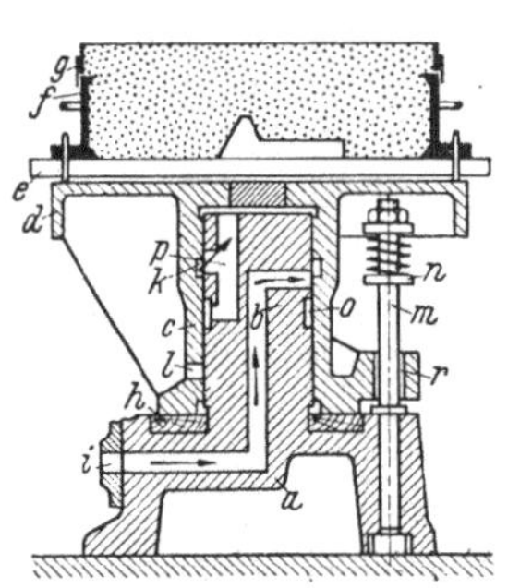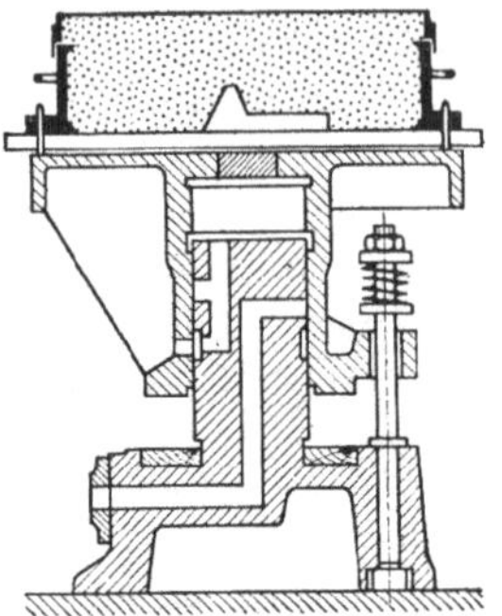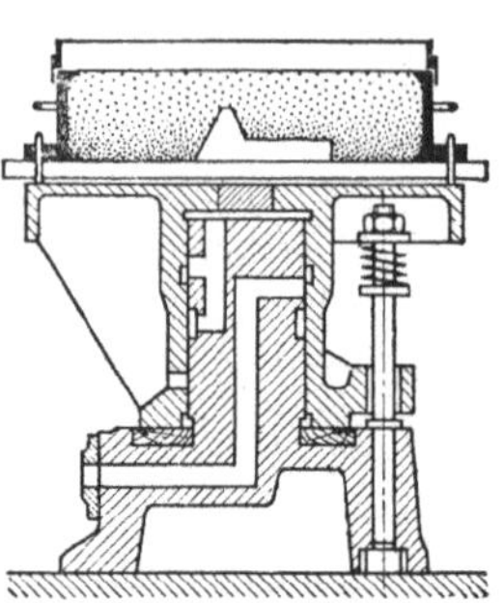

Abb. 62—64. Arbeitsweise eines Kleinrüttlers (BMD.).

a = Untergestell; b = Feststehender Kolben; c = Rüttelzylinder; d = Rütteltisch; e = Modellplatte; f = Formkasten; g = Füllrahmen; h = Stoßfläche; i = Drucklufteintritt; k = Luftauslaßkanal; l = Luftauspuff; m = Führung; n = Federnde Hubbegrenzung für Unterbelastung; o = Ringkanal; p = Luftauslaß; r = Führungshülse.

der Lufteinlaßkanal i geöffnet und die Druckluft tritt durch den Ringkanal k und die Bohrung p über den Kolben b. Dadurch wird der Rütteltisch d so lange gehoben, bis der Auspuff l den Ringkanal o erreicht. Infolge der ihm erteilten Beschleunigung steigt der Zylinder c noch ein kleines Stück höher, um dann die Bewegung umzukehren. Zur Sicherung bei Unterbelastung ist die Hubbegrenzung n vorgesehen. Gegen sie stößt die auf der Führungsstange m gleitende Hülse r und erzwingt so die Umkehr des Rütteltisches d. Nunmehr fällt er herunter, bis der untere Rand des Zylinders c auf die Stoßfläche h aufschlägt, wodurch zunächst die Sandschicht über der Modellplatte e im Formkasten f verdichtet wird. Der beschriebene Vorgang wiederholt sich so lange, bis der Verdichtungsvorgang beendet ist.

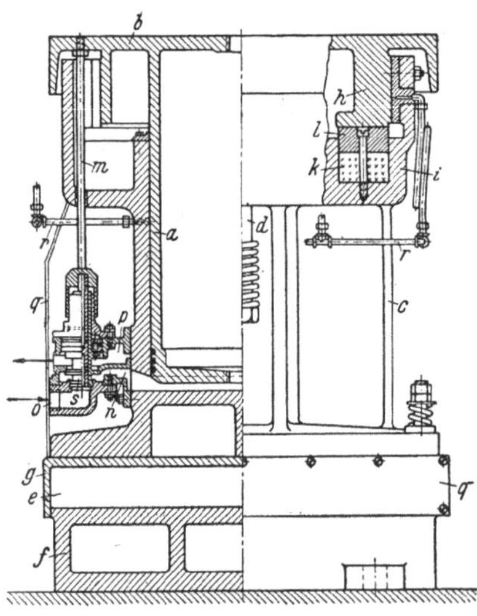

Abb. 65.   Stoßgedämpfter Rüttler.   Ausführung: Hartung-Jachmann A.-G., Berlin-Lichtenberg. (H-J.B.) a = Rüttelkolben; b = Rütteltisch; c = Rüttelzylinder; d = Führung und Hubbegrenzung; e = Korkeinlage; f = Grundplatte; g = Korkbehälter, unten offen; h = Stoßvorsprünge; i = Pufferhülsen; k = Gummipuffer; l = Stahlscheiben; m = Schieberstange; n = Lufteinlaß; o = Lufteintritt, p = Luftauslaß; q = Blechverkleidung; r = Schmierleitung; s = Steuerventil.

27. Dämpfung des Stoßes läßt sich für Rüttler auch ohne Amboß durch entsprechende elastische Unterlage erreichen (Abb. 65). Der Rütteltisch b, der mit dem im Rüttelzylinder c steckenden langen Kolben a aus einem Stück gegossen ist, besitzt eine Anzahl bearbeiteter Vorsprünge h, während der kräftige Zylinderflansch mit entsprechenden Hülsen i versehen ist. In Ihnen sind

Gummipuffer k untergebracht, die von Stahlscheiben l bedeckt sind. Diese Gummipuffer k verhindern, daß metallische Stöße auf den Formkasten übertragen werden, und sichern einen harten Schlag. Bei den größeren Ausführungen wird der Stoß außerdem noch gedämpft durch eine starke Korkzwischenlage *e* über der Grundplatte *f*, die von einem unten offenen Gehäuse *g* allseitig umschlossen ist. So entsteht beim Rütteln kein Rückprall, und ein Tanzen des Sandes auf der Modellplatte ist ausgeschlossen. Das Steuerventil *s* ist vollkommen eingekapselt und mit einem Differentialkolben ausgerüstet. Sobald der Rütteltisch seine höchste Stellung erreicht hat, schließt die Luft selbsttätig das Ventil ab und hältes so lange geschlossen, bis der Rüttelschlag eingetreten ist.

28. Die Großrüttler müssen aus den oben (S. 31) auseinandergesetzten Gründen mit einem Amboß versehen werden, der den Stoß auffängt. Bei der weit verbreiteten Bauart Abb. 66 bewegt sich der den Rütteltisch *e* tragende Kolben *d* in dem Amboßkolben *b*, der seinerseits wieder im Hauptzylinder *a* steckt. Er wird von kräftigen Schraubenfedern *c* mittels eines breiten Flansches getragen.

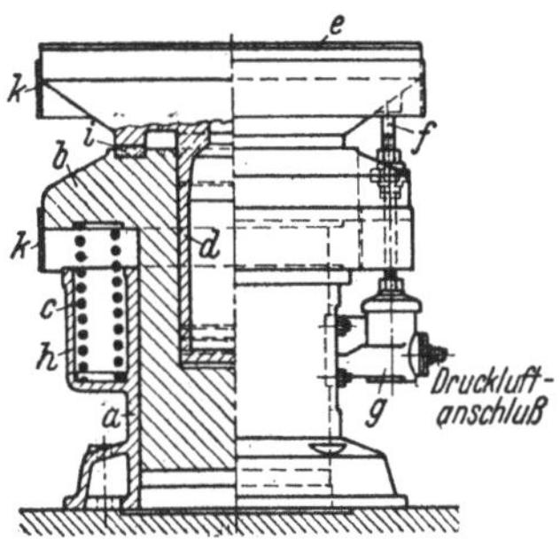

Abb. 66. Großer Rüttler mit Stoßfang.

a = Hauptzylinder; *b* = Amboß;
c = Tragfedern; *d* = Rüttelkolben;
e = Rütteltisch; *f* = Steuerstange;
g = Steuerschieber; *h* = Federbüchsen;
i = Stoßflächen; *k* = Schutzbleche.

Sie stecken in Führungsbüchsen *h*, die an den Hauptzylinder *a* angegossen sind. Durch das Nachaußenlegen der Federn wird ein leichteres Überwachen und nötigenfalls Auswechseln sowie eine kleinere Bauhöhe des ganzen Rüttlers erreicht, als wenn die Federn unmittelbar unter dem Amboß *b* im Hauptzylinder *a* untergebracht wären. Die Druckluft wird durch einen besonderen Steuerschieber *g* ein- und ausgelassen, der durch eine einstellbare Steuerstange *f* bewegt wird. Amboß *b* und Rütteltisch *e* prallen mit besonderen Stoßflächen *i* aufeinander. Damit sich Rüttelkolben *d*, Amboß *b* und Hauptzylinder *a* nicht gegeneinander verdrehen, ist eine lange senkrechte Führungsstange (nicht gezeichnet) vorgesehen. Andere Bauarten bilden den Rütteltisch als Oberteil eines Zylinders aus, der über einem auf dem Amboß angeordneten Kolben gleitet, wobei bisweilen eine weitere Schraubenfeder zwischen Kolben und Rüttelzylinder angeordnet ist (TABOR). Neben den Tragfedern hat man auch zusätzliche Luftpolster vorgesehen, die von der Steuerung beeinflußt werden und das Hochschleudern des

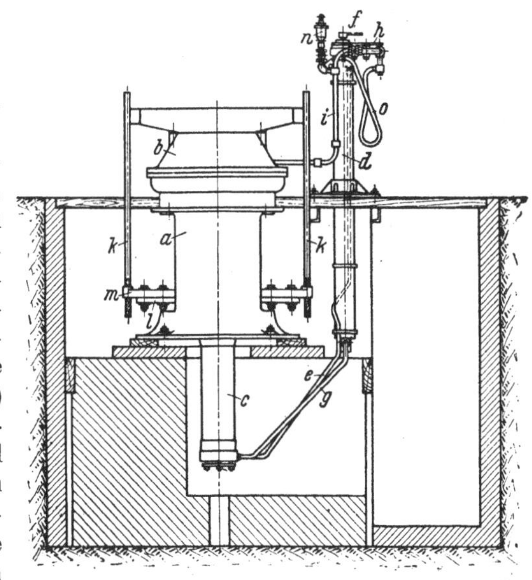

Abb. 67. Rüttelformmaschine mit Luftabhebung.
Ausführung: G. Zimmermann, Düsseldorf-Rath. (GZR.)
a = Untergestell mit Rüttler und Abhebeplatte;
b = Rüttler; *c* = Abhebezylinder; *d* = Steuersäule,
gleichzeitig Ölbehälter; *e* = Druckölleitung; *f* = Abhebesteuerung; *g* = Ölaustrittsleitung; *h* = Rüttelsteuerung;
i = Luftleitung zum Rüttler; *k* = Abhebestifte; *l* = Abhebeplatte; *m* = Einstellbare Kulissen; *n* = Schmiergefäß;
o = Blashahnschlauch.

Ambosses unterstützen. Der Aufbau wird dann allerdings ziemlich verwickelt.

29. Kleinrüttler mit Abhebevorrichtung. Die Vereinigung der Kleinrüttler mit Vorrichtungen zum Trennen von Modell und gerütteter Form macht keine besonderen Schwierigkeiten. Je nach der Modellart werden Abhebestifte oder Wendeplatten benutzt. Die Rüttelformmaschine mit Luftabhebung Abb. 67 besitzt einen in dem oberen Teil des Gestelles a eingelassenen Rüttler b, während unten ein langer Abhebezylinder c angeordnet ist, dessen Kolben die Abhebeplatte l trägt. An ihr sind Kulissen m befestigt, in die die unteren Enden der Abhebestifte k eingeschraubt sind. Angehoben werden die Stifte mit Öl, auf das die Druckluft wirkt. Die Aufhebegeschwindigkeit kann durch Drosseln des Öldruckes sehr fein eingestellt werden, wobei die lange Führung des Kolbens im Zylinder c ein genau senkrechtes Abheben sichert.

30. Ein amerikanischer Wendeplattenrüttler ist in Abb. 68 für eine Kastengröße bis zu 600×600 mm dargestellt. In dem Zylinder a bewegt sich der Kolben b, der seinerseits den Rüttelzylinder für den Rüttelkolben c darstellt. Er wird am oberen Ende durch eine Führungsbüchse d geführt. Beim Lufteintritt wird der Kolben b mit dem Rütteltisch e nach oben gehoben, bis dieser in die Dübel f eingeführt ist. Nunmehr beginnt der Rüttelkolben c zu arbeiten, wobei er den Wendetisch g mit Modellplatte und Formkasten (i. d. Abb. weggelassen) auf- und niederbewegt. Dieser Wendetisch g besteht aus Leichtmetall, wird bei seiner Rüttelbewegung rechts und links in Kulissen geführt und ist außerdem um die Zapfen h schwenkbar. Nach dem Rütteln geht der Rütteltisch in seine Ausgangsstellung zurück. Da der Schwerpunkt von Wendetisch, Modellplatte und fertigem Formkasten etwa in der Mittelachse des Zapfens h liegt, kann man mit Hilfe des Hebels i das Ganze mit Leichtigkeit wenden.

Zuvor muß man jedoch den Kasten mit Bodenbrett verklammern. Zu diesem Zwecke legt man die Klammerbügel k an die Formkastenwand. Sie sind verstellbar und können der Größe und Höhe des Formkastens ent-

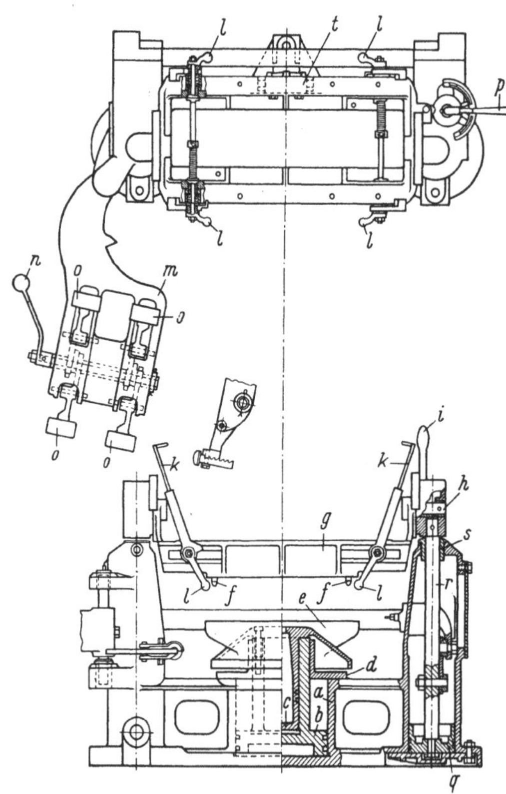

Abb. 68. Amerikanischer Rüttler mit Wendetisch (Osborn, Cleveland).

a = Zylinder; b = Kolben; c = Rüttelkolben; d = Führungsbüchse; e = Rütteltisch; f = Dübel; g = Wendetisch; h = Zapfen; i = Hebel; k = Klammerbügel; l = exzentr. Knebel; m = Absetztisch; n = Exzenterhebel; o = Auflageflächen; p = Steuerhebel; q = Abhebekolben; r = Kolbenstangen; s = Büchsen; t = Vibrator.

sprechend angepaßt werden. Durch eine Vierteldrehung des excentrischen Knebels l nach rechts bzw. links werden die Bügel nach unten gezogen und halten Modellplatte, Kasten und Bodenbrett fest zusammen.

Nach dem Wenden schwenkt man den Absetztisch m ein. Durch eine Vierteldrehung des Excenterhebels n nach links gehen die 4 Auflageflächen o der Ausgleichvorrichtung zurück, wodurch ein Einschwenken unter dem Wendetisch ermöglicht wird. Durch einen Anschlag ist die Lage des Absetztisches *m* genau bestimmt. Nach dem Einschwenken wird der Hebel *n* nach rechts bewegt. Da-

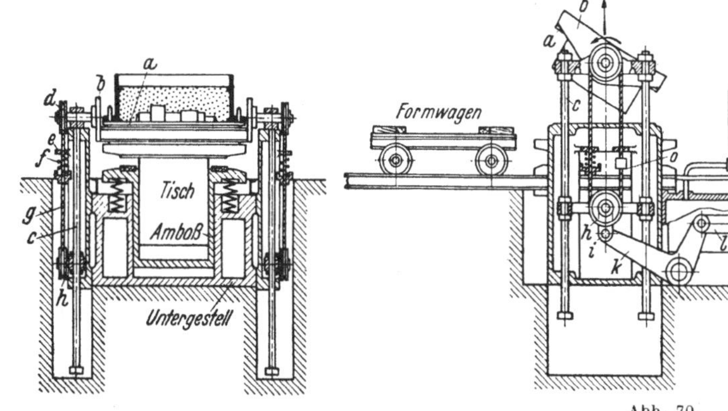

Abb. 69.

1 = Formkasten aufsetzen und verkeilen; 2 = Füllrahmen aufsetzen u. Sand einfüllen; 3 = Verdichten durch Rütteln; 4 = Nachstampfen und Abstreifen;

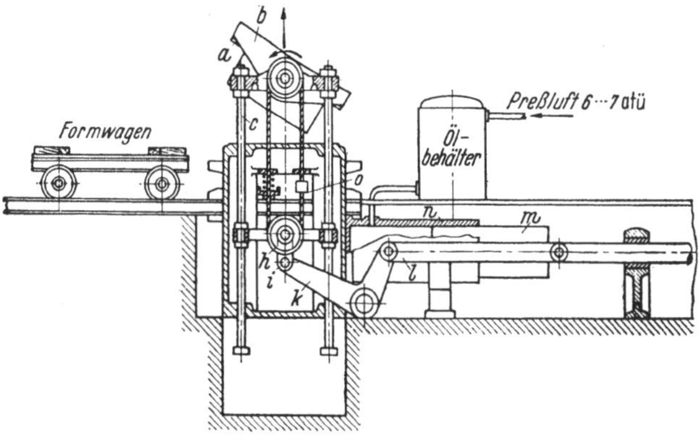

Abb. 70.
5 = Anheben des Wenderahmens *b* mit selbsttätiger Befestigung der Modellplatte und Wenden 6 = In höchster Stellung Wenderahmen verriegeln.

durch werden die Auflageflächen *o* unabhängig voneinander fest an das Bodenbrett gepreßt. Die 2 Klammerbügel *k* können nunmehr leicht durch Zurückbewegen der Knebel *l* gelöst werden. Der Kasten liegt jetzt fertig zum Abheben auf dem Absetztisch *m*.

Durch Bewegen des Steuerhebels *p* nach rechts strömt Luft unter die Abhebekolben *q*, wodurch sich diese anfangs sehr langsam, später rasch nach oben bewegen. Die Kolbenstangen *r* werden in den Büchsen *s* genau geführt, so daß ein äußerst genaues Abheben gewährleistet wird. Im Augenblick des Abhebens setzt selbsttätig der am Wendetisch angebrachte Vibrator *t* ein. Die Form kann nun ausgeschwenkt, fertiggemacht und abgesetzt werden.

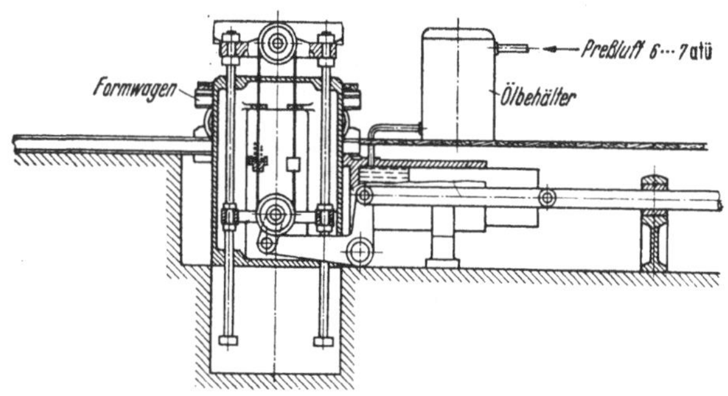

Abb. 71.
7 = Formwagen unterschieben und Wenderahmen mit Formkasten absenken.

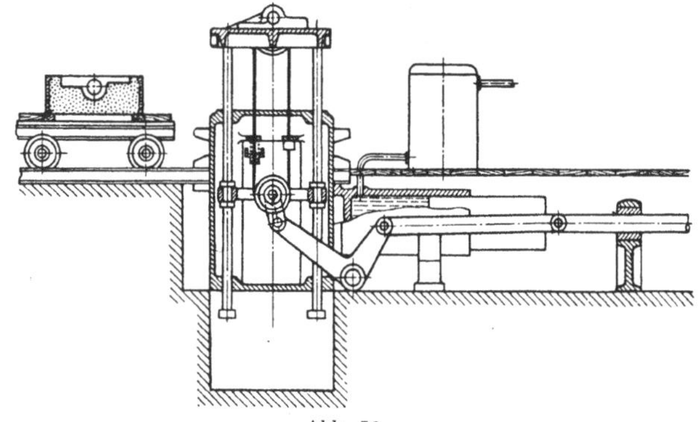

Abb. 72.
8 = Formkasten lösen und Modell ausheben; 9 = Formwagen ausfahren; 10 = Modellplatte wenden und absenken; 11 = wie 1.

Abb. 69—72. Herstellung einer Form auf einem Wendeplattenrüttler. (BMD.)

a = Modellplatte; *b* = Wenderahmen; *c* = Hubstangen; *d* = Wenderolle; *e* = Federanschlag; *f* = Feder; *g* = Wendeseil; *h* = Wendeantriebsrolle; *i* = Lenker; *k* = Winkelhebel; *l* = Zugstange; *m* = Abhebekolben; *n* = Drucköizylinder; *o* = Gewicht.

31. Großrüttler mit Abhebevorrichtung. Schwieriger ist die Lösung der Aufgabe, Großrüttler von über 1000 kg und mehr Hubkraft mit mechanischen Abhebevorrichtungen zu versehen, besonders wegen der großen Abmessungen und Gewichte der zu bewegenden Teile. Bei ganz großen Rüttlern über 7000 kg Hubvermögen kommt man besser zum Ziel, wenn man die Abhebevorrichtungen getrennt vom Rüttler anordnet. Fast ausnahmslos wird beim Großrüttler das Wendeplattenverfahren angewendet.

In den schematischen Skizzen Abb. 69—72 ist die Arbeitsweise eines Wendeplattengroßrüttlers angegeben. Das Heben, Wenden und Absenken der gerüttelten Form bewirkt ein neben dem Rüttler befindlicher waagerechter Abhebezylinder n, dessen Kolben m mit außen geführter Kolbenstange durch unter Druckluft stehendes Öl bewegt wird. An ihm sind beiderseitig Zugstangen l befestigt, die über Winkelhebel k und Lenker i auf die an den Hubstangen c sitzenden Querhäupter wirken. Geht der Kolben m nach rechts, so hebt er die Hubstangen c mit dem Wenderahmen b an, wobei letzterer gleichzeitig mit Hilfe der Seilrollen d und h um 180° gedreht wird. Federanschläge e halten dabei das Seil auf einer Seite fest. Geht der Kolben k wieder nach links, so senkt sich die Wendeplatte und die Form wird auf den inzwischen eingeschobenen Formwagen abgesenkt. Beim Absenken (Abb. 72, Vorgang 10) drehen die Gewichte o den Wenderahmen zurück. Während des Rüttelns kann sich die Modellplatte frei bewegen, erst beim Hochgehen wird sie mit dem Wenderahmen selbsttätig verriegelt. Die Verriegelung löst sich von selbst wieder, wenn der Wenderahmen in seine Grundstellung zurückgegangen ist. Bei den Wenderüttlern kann die Wendeplatte natürlich nur einseitig mit Modellen belegt werden, da die fertige Formhälfte beim Rütteln der anderen wieder zerstört würde.

32. Die Großrüttleranlage Abb. 73 umfaßt einen Großrüttler a mit 7500 kg Hubvermögen, zwei Wagen b mit Wendemodellplatten für Ober- und Unterkästen,

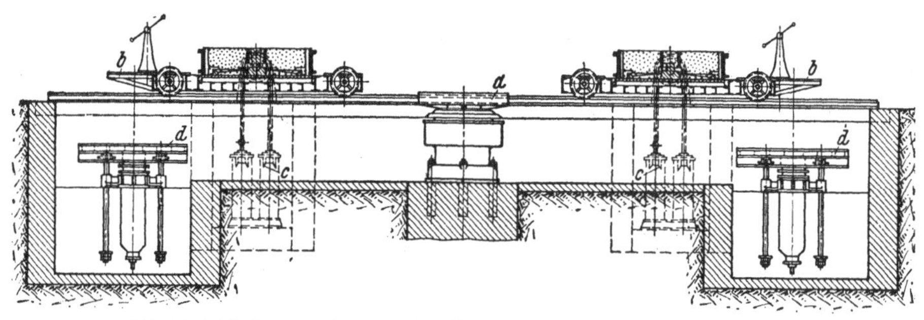

Abb. 73. Rüttelformmaschine mit Wende- und Abhebevorrichtung. (BMD.)
a = Rüttler; b = Modellplattenwagen; c = Wendezylinderpaare; d = Absenkzylinder.

die beiden hydraulischen Wendevorrichtungen o und die beiden hydraulischen Absenkvorrichtungen d. Zuerst wird die Unterkastenmodellplatte über den Rüttler gefahren, mit Sand gefüllt, gerüttelt, nachgestampft und glattgestrichen, um dann über die zugehörige Wendevorrichtung gebracht zu werden. Hier wird das durch die hydraulischen Kolben mittels Kettenzug drehbare Schwenkrad mit dem Wendezapfen des Wenderahmens gekuppelt und die Form um 180° gedreht. Der Wagen wird dann weiter über die Absenkvorrichtung gefahren. Ihre Platte wird nunmehr durch Hochgehen des Wasserdruckkolbens gegen den Rücken der gewendeten Form zum Anliegen gebracht. Nach Lösen der Verklammerung von Formkasten und Wendeplatte wird durch Ablassen des Druckwassers aus dem Hubzylinder der die Form jetzt tragende Kolben erst ganz langsam, dann schnell gesenkt, wobei Modell und Form sich trennen. Mit einem Laufkran hebt man dann die fertige Unterkastenform vom Kolbentisch und setzt sie in der Gießhalle ab. Unterdessen wurde in derselben Weise die Oberkastenform hergestellt, die mit dem Laufkran auf die Unterkastenform gesetzt wird. So werden abwechselnd Unter- und Oberkastenformen mit demselben stoßfreien Rüttler verdichtet.

33. Der Einständer-Wenderüttler Abb. 74 baut sich einfacher auf, da er nur einen Abhebekolben, der in einem langen Abhebezylinder geführt wird, und außerdem noch zwei seitliche äußere Führungen k besitzt, so daß ein genau senkrechtes Ausheben gesichert ist. Mit dem Aushebekolben ist oben ein Aushebebügel f fest verbunden, in dem der Wenderahmen e um 180° drehbar gelagert ist. Das Drehen erfolgt durch Druckluft, die auf die Kolben der waagerechten Wendezylinder g und h wirkt. Während des Rüttelns umfaßt der Wenderahmen e den Rütteltisch d, auf dem die Wendemodellplatte liegt. Sie wird nach dem Rütteln so lange mit dem Wenderahmen e gekuppelt, bis Form- und Aushebevorgang beendet sind und die zurückgeschwenkte Modellplatte bei tiefster Stellung des Aushebekolbens wieder auf dem Rütteltisch aufliegt. Die gewendete Form wird auf einen Formwagen (nicht gezeichnet) abgesetzt. Auch hier wird unter Zwischenschaltung von Öl unter den Abhebekolben bei einstellbarer Geschwindigkeit mittels Druckluft abgehoben, wobei zwei kräftige Vibratoren die Modellplatte erschüttern.

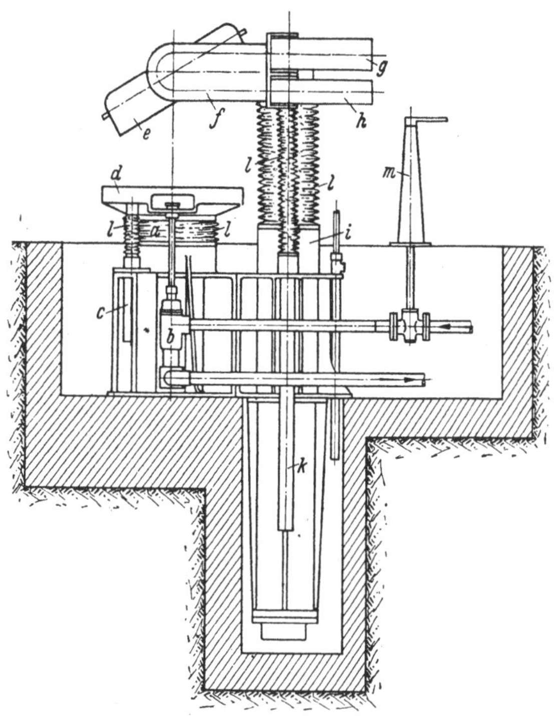

Abb. 74. Stoßfreier Wenderüttler. (GZR.)

a = Stoßfreier Rüttler; b = Rüttlersteuerventil; c = Führung des Rütteltisches d; d = Rütteltisch; e = Wenderahmen; f = Aushebebügel; g = Wendezylinder; h = Wendezylinder; i = Aushebezylinder; k = Führungsstangen des Abhebekolbens; l = Lederhüllen; m = Steuersäule.

34. Die Umrollrüttler sind in den USA. sehr verbreitet, weil sie eine leichte Beobachtung des ganzen Formvorgangs ermöglichen und in einfacher Weise durch Rollgänge in die Fließfertigung eingeschaltet werden können. Bei einer Rüttelformmaschine mit Umroll- und Absenkvorrichtung spielt sich das Herstellen einer Form folgendermaßen ab (Abb. 75—79):

Nach Befestigen des Formkastens auf der Modellplatte und Füllen mit Sand wird gerüttelt, wobei die Platte mit dem Schwenkrahmen *nicht* in Verbindung steht. Nach Feststampfen des Formrückens und Glattstreichen wird die Modellplatte mit dem Schwenkrahmen verriegelt, worauf umgerollt wird. Hat sich die Umrollplatte um 180° gedreht, so daß die Form an ihr senkrecht nach unten

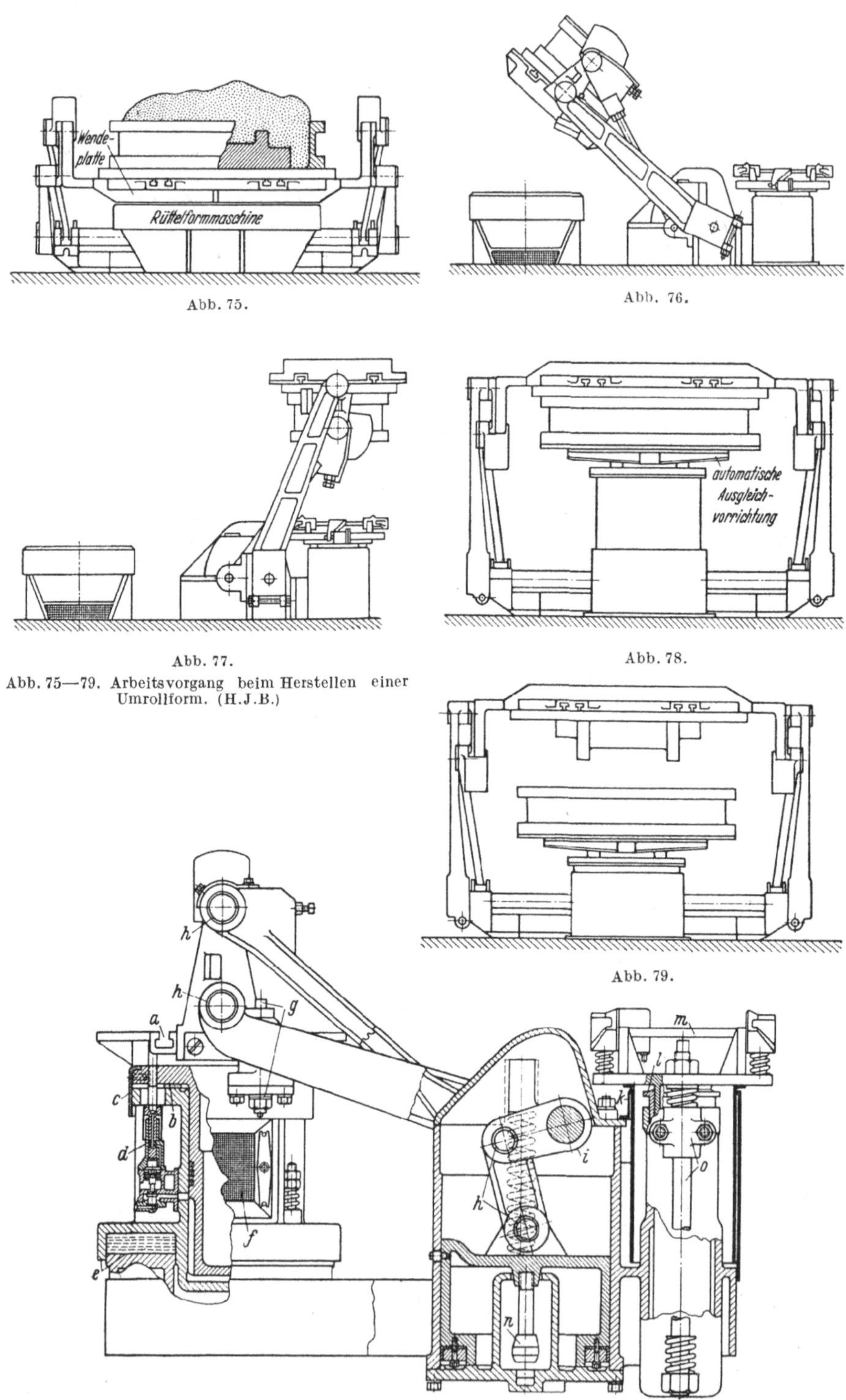

Abb. 75.

Abb. 76.

Abb. 77.

Abb. 78.

Abb. 75—79. Arbeitsvorgang beim Herstellen einer Umrollform. (H.J.B.)

Abb. 79.

Abb. 80. Schematischer Querschnitt durch den HARTUNG-HERMAN-Umrollrüttler. (H.J.B.)
a = Nuten zur Modellbefestigung; b = Stoßfläche; c = Sandschutzblech; d = Automatisches Rüttelventil; e = Maschinenfundament mit Korkzwischenlage; f = Luftfilter für den Rüttler; g = Wenderahmen-Nivellier-vorrichtung, automatisch durch Druckluft verriegelt; n = Umroll-Sicherheitsausrüstung; o = Führungsstangen und -lager für die Modellaushebung.

hängt, so steht der Umrollarm still. Nunmehr wird der Abhebetisch mit der automatischen Ausgleichvorrichtung gegen den Formrücken angehoben. Der Ausgleicher nimmt die Unebenheiten des Formkastens oder des Formbettes auf. Er besteht aus einem federnden Gestänge mit selbsttätiger Luftverklammerung. Nach Lösen der Verklammerung zwischen Formkasten und Modellplatte wird unter Vibrieren der Modellplatte, das sich von selbst ein- und ausschaltet, schließlich abgesenkt, worauf die Modellplatte wieder in ihre Ausgangstellung über den Rütteltisch zurückgeschwenkt wird.

Ein solcher Umrollrüttler (Abb. 80) besteht grundsätzlich aus drei Hauptteilen, dem Rüttler, dem Umrollzylinder und dem Absenkzylinder, die auf einer gemeinsamen Grundplatte befestigt sind. Alle Kolben besitzen lange Führungen, um dauernd ein genau senkrechtes Auf- und Abbewegen zu gewährleisten. Aus den eingetragenen Bezeichnungen gehen Zusammenbau und Zweck der einzelnen Teile ohne weiteres hervor. Der Rütteltisch schlägt mit seiner gesamten Fläche auf eine Fiberplatte auf, die auf dem breiten Zylinderflansch befestigt ist, so daß sich die Stöße gleichmäßig über die ganze Tischplatte verteilen. Umroll- und Absenkkolben werden unter Vermittlung von Öl mittels Druckluft bewegt. Beim Hochgehen des Umrollkolbens drückt die an ihn angelenkte Kurbelstange die auf der Drehwelle befestigte Kurbel nach oben, wodurch die Drehwelle betätigt wird. Sie nimmt die beiden auf ihr festgekeilten Umrollarme mit herum, zwischen denen die Wendeplatte ruht, wobei zwei Gegenlenker das Wenden der Platte bewirken. Nach erfolgtem Absenken der Form von der umgerollten Platte durch den Abhebekolben wird Drucköl über den Umrollkolben gelassen, während unter dem Kolben der Ölaustritt geöffnet wird. Dann geht der Kolben wieder nach unten und zieht mittels Kurbeltriebes und der Umrollarme die Modellplatte wieder in die skizzierte Anfangslage zurück. Sämtliche Arbeitsgänge der Maschine werden von einem Steuerhebel aus eingeleitet (Abb. 81).

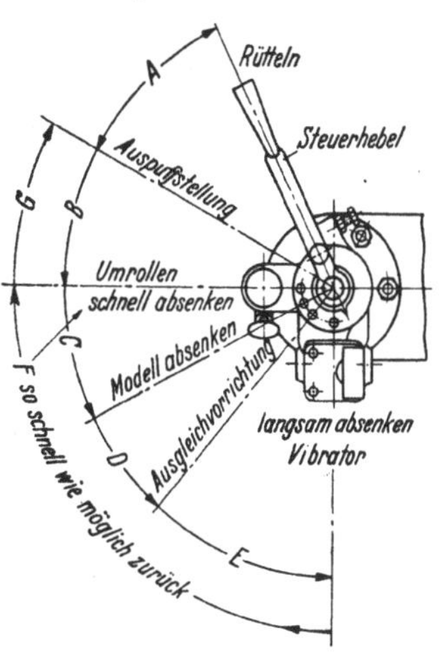

Abb. 81. Steuerung des HARTUNG-HERMAN-Rüttlers. (H.J.B.)

Von der Auspufflage wird der Hebel beim Beginn des Arbeitens um den Winkel A in die Rüttelstellung nach oben gedreht, dann über die Auspuffstellung zurück und um den Winkel B in die Umrollstellung, hierauf weiter nacheinander um die Winkel C, D und E zum Absenken der Modellplatte, Betätigen der Ausgleichvorrichtung, des Absenktisches und zum langsamen Absenken der Form unter gleichzeitigem Einschalten des Vibrators. Durch schnelles Zurückdrehen des Hebels um den Winkel F wird zurückgeschwenkt. Umrollgeschwindigkeit, Absenkgeschwindigkeit, Ausgleichvorrichtung und Kupplung der Modellplatte mit dem Wendearm werden dabei selbsttätig geregelt bzw. betätigt.

35. Der Tabor-Rüttler ist ebenso wie der Hartung-Herman-Umrollrüttler amerikanischen Ursprungs. Er arbeitet stoßfrei mit selbsttätiger Wende- und Abhebevorrichtung, Nivellier- oder Ausgleichvorrichtung und Kastenverklammerung. Die Maschine wird fahrbar oder feststehend gebaut. In Abb. 82 ist sie in Verbindung mit einem Rollband wiedergegeben. Außerdem ist eine Vorrichtung zum Abfördern des überschüssigen Sandes vorgesehen. Der stoßfreie Rüttler g wird durch ein in den Kolben eingebautes Ventil gesteuert. Bei Beginn des Umrollens wird die

Schwenkplatte h, welche Modellplatte und Kasten trägt, durch Zugfedern selbsttätig mit dem Wenderahmen m verriegelt. Das Wenden und Abheben geschieht durch einen langen, im Zylinder i bewegten Kolben mittels auf Öl wirkender Druckluft. Nach Umrollen um 180° wird die Schwenkplatte h durch einstellbare Anschläge o in genau rechtwinkliger Lage zum Abhebekolben gehalten. Die nach dem Umrollen an der Modellplatte nach unten hängende Form wird nunmehr durch Senken des Abhebekolbens auf den durch die Ausgleichvorrichtung f getragenen Teil des Rollganges abgesenkt. Nach Lösen der Verklammerung der Form mit der Modellplatte läßt man den Wenderahmen h wieder hochgehen, dadurch geht zunächst der mit der Modellplatte verbundene Wenderahmen m ein Stück senkrecht nach oben, hebt das Modell aus und schwenkt dann wieder in die gezeichnete Ausgangsstellung zurück. Am Ende der Umrollbewegung löst sich die Verriegelung zwischen Schwenkplatte m und Wenderahmen h wieder und die Maschine ist zur Aufnahme des nächsten Kastens bereit. Über den Rollenbandanschluß wird die fertige Formhälfte auf den Hauptformförderer geschoben. Der beim Rütteln, Rückenstampfen und Abstreichen heruntergefallene überschüssige Sand gelangt über einen Rost, der die Unreinigkeiten zurückhält, in einen Blechbehälter. Dieser ist unten durch ein Förderband abgeschlossen, das den Sand der Zentralaufbereitung wieder zuführt. Alle Bewegungen werden durch das Hauptsteuerventil p betätigt.

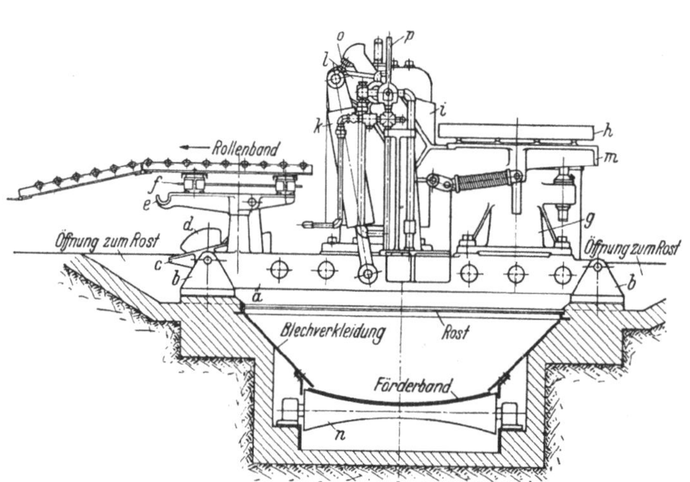

Abb. 82. TABOR-Umrollrüttler. (G.W.F.)

a = zwei Träger. b = Trägerstützen; c = Rutsche; d = Höheneinstellung des Tisches e; e = Ablegetisch; f = Ausgleichvorrichtung; g = stoßfreier Rüttler; h = Wenderahmen; i = Umroll- u. Abhebezylinder; k = Zugstangen; l = Kurbel; m = Schwenkplatte; n = Förderrolle; o = Anschläge; p = Hauptsteuerventil.

36. Die einzylindrige Umrollformmaschine Abb. 83 weicht von den beschriebenen Bauarten insofern ab, als zum Rütteln, Umrollen und Ausheben nur ein Zylinder benutzt wird. Einfachheit der Formgebung in Verbindung mit kräftiger Bauart macht sie für den rauhen Gießereibetrieb gut geeignet. Sämtliche Bewegungen des Rüttlers werden vom Steuerrad a aus betätigt. Der Formvorgang vollzieht sich in der Weise, daß auf der an dem Formtisch b befestigten Modellplatte der Formkasten aufgesetzt und festgekeilt wird. Die Tischplatte ist scharnierartig an den Rütteltisch v angelenkt. Nachdem der Formkasten nebst aufgesetztem Füllrahmen mit Sand gefüllt ist, wird der Steuerhahn auf „Rütteln" gestellt, worauf Preßluft unter den Rüttelkolben c tritt und ihn in Tätigkeit setzt. Die Dauer des Rüttelns hängt von der gewünschten Festigkeit der Form ab; sie beträgt etwa 15—25 Sek. Nach Beendigung des Rüttelns wird der Steuerhahn auf „Senken" gestellt, der Füllrahmen abgenommen, der Formrücken nachgestampft und abgestrichen. Nunmehr stellt man den Steuerhahn auf „Heben", so daß die Preßluft jetzt unter den in dem langen Zylinder d geführten Abhebe-

kolben *e* tritt, wodurch dieser hochzusteigen beginnt. Er nimmt dabei den Rüttelkolben *c* nebst der auf dem Rütteltisch *b* stehenden gerüttelten Form zunächst
senkrecht mit nach oben, wobei zwei kräftige Rundstangen *f* auch von außen für
gute Führung sorgen, bis der Hubbegrenzungskörper *g* an der oberen Nabe des
Bockes *h* zum Anliegen kommt. Beim weiteren Steigen von *e* erfolgt durch Vermittlung des Drehschildes *i* und der beiden Zugstangen *k* das Umrollen der auf
der drehbaren Tischplatte *b* befestigten Form um 180°, so daß sie nunmehr senkrecht über die in ihrer Höhenlage mittels Speichenrades *l* einstellbaren Abhebevorrichtung *m* zu hängen kommt. Stellt man jetzt den Steuerhahn wieder auf
„Senken", so tritt die Luft unter dem Abhebekolben *e* wieder aus und der ganze
Mechanismus geht wieder nach unten. Die Ablegevorrichtung besteht aus einem
festen Arm *n* und einer waagebalkenartig gelagerten losen Schiene *o*. Ist die Form
in ihre tiefste Lage gesunken, so bringt man durch Hochdrehen der Tischspindel *p*

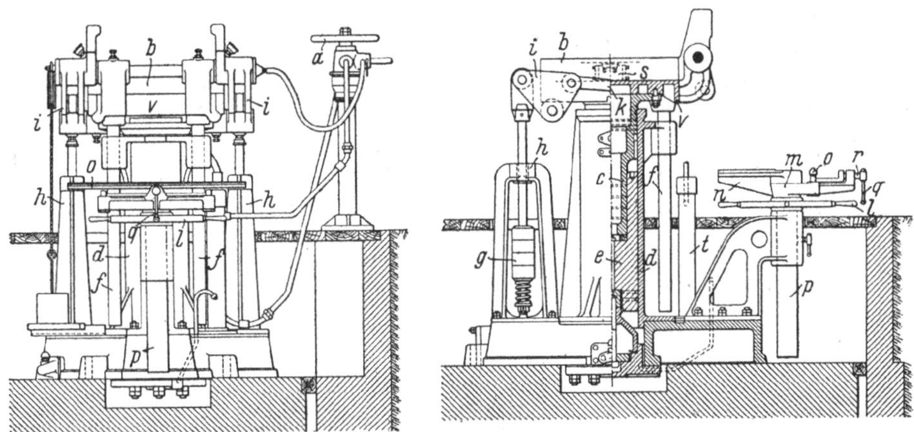

Abb. 83. Umrollrüttler.

a = Steuerrad; *b* = Formtisch; *c* = Rüttelkolben; *d* = Zylinder; *e* = Abhebekolben; *f* = Rundstangen;
g = Hubbegrenzungskörper; *h* = Bock; *i* = Drehschild; *k* = Zugstangen; *l* = Speichenrad; *m* = Abhebevorrichtung; *n* = fester Arm; *o* = lose Schiene; *p* = Tischspindel; *q* = Hebel; *r* = Druckspindel;
s = Vibrator; *t* = Ölbremse; *v* = Rütteltisch.

mittels des Speichenrades *l* den festen Arm *n* gegen den Formkastenrücken zum
Anliegen, wobei sich die lose Schiene *o* selbsttätig an die beiden anderen Seiten
des Kastenrandes anlegt. Durch eine kurze Drehung des Hebels *q* stellt die Druckspindel *r* die Schiene *o* in ihrer Lage fest. Da bei der beschriebenen Ablegevorrichtung eine Stützung auf drei Punkten erreicht ist, gewährleistet sie eine genau
parallele Lage der Trennungsebene der Form gegenüber der Modellplatte, ohne
daß der Rücken des Formkastens bearbeitet zu werden braucht.

Nachdem die Verbindungskeile zwischen Kasten und Modellplatte entfernt
worden sind, wird der Steuerhahn wieder auf „Heben" gestellt, der Kolben *e* geht
wieder hoch und mit ihm der umgerollte Tisch mit Modellplatte, so daß die Modelle
bei angestelltem Vibrator *s* sicher und genau aus der Form gezogen werden. Sobald
beim Zurückrollen die Modellplatte mit ihrem Schwerpunkt wieder über der Rüttel-
tischplatte *v* liegt, wird der Steuerhahn auf „Senken" gestellt, und die Teile gehen
wieder in die in der Abb. 83 dargestellte Grundstellung zurück. Da die Reihenfolge der verschiedenen Bewegungen zwangläufig erfolgt, sind Bedienungsfehler
und mithin Beschädigung der Maschine ausgeschlossen. Um Stöße beim Heben
und Senken zu vermeiden, ist eine Ölbremse *t* vorgeschaltet; außerdem läßt sich

die Geschwindigkeit des Hebens und Senkens durch eine Drosselvorrichtung regeln. Man kann also zunächst langsam ausheben und, sobald die Modellränder sich vom Sand der Form getrennt haben, schneller weiterheben. Die Maschine eignet sich besonders für hohe steilwandige Modelle.

Im Verlauf der bisherigen Schilderungen sind wiederholt Formkastenverklammerungen, Nivelliervorrichtungen und Vibratoren erwähnt worden. Obgleich es sich dabei nicht um Formmaschinen handelt, sondern um unentbehrliche Hilfseinrichtungen, sollen sie im folgenden näher beschrieben werden.

37. Eine Druckluft-Formkastenverklammerung ist in Abb. 84 dargestellt. Auf der Wendeplatte ist in Längsnuten mittels Bolzen die Klemmvorrichtung *a* be-

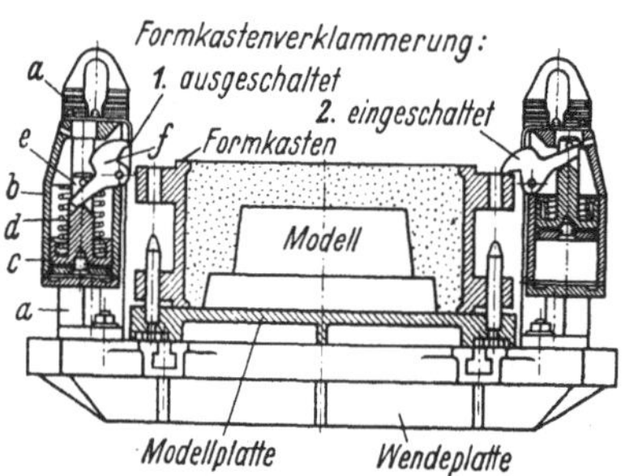

Abb. 84. Druckluft-Formkastenverklammerung (H.J.B.)

a = Klemmvorrichtung; *b* = Druckzylinder; *c* = Kolben; *d* = Druckfeder; *e* = Kolbenstange; *f* = Hebel.

festigt. Die Vorrichtung besteht aus dem Druckzylinder *b*, in dem ein entsprechend abgedichteter Kolben *c* längs verschiebbar eingebaut ist. Dieser Kolben steht unter der Wirkung einer Druckfeder *d*, die den Kolben in seine Anfangsstellung wieder zurückbringt. An der Kolbenstange *e*, die mit einem Schlitz versehen ist, befindet sich der Hebel *f*, der mit dem Zylinder durch einen Bolzen gehalten wird. Der eigentliche Formkastenfesthalter ist an der Klemmvorrichtung *a* verstellbar angeordnet und kann der Höhe des Formkastens entsprechend eingestellt werden.

Diese Vorrichtung arbeitet so, daß bei Zuführung von Druckluft der Kolben *c* nach oben geht und den Hebel *f* nach außen drückt. Sobald die Luft entweicht, wird der Kolben *c* durch die Feder *d* wieder nach unten gedrückt, wodurch der Hebel zurückgezogen wird. Der Formkasten kann mit der Wendeplatte bzw. Modellplatte entweder vor oder nach dem Rütteln verklammert werden.

38. Die Ausgleich- oder Nivelliervorrichtung bei der unter dem Abschn. 30 beschriebenen Osborn Rüttelformmaschine wurde durch Excenterhebel mit Hand betätigt. Die Abb. 85 zeigt eine pneumatische Nivelliervorrichtung. Im Ruhezustand zieht die Zugfeder *a* die 2 Keilpaare *b* nach der Mitte des Ablegetisches *c*. Nach dem Wenden des Kastens wird der Ablegetisch am Ratschensegment (nur beim Formen des ersten Kastens) so weit hochgestellt, daß zwischen Kastenrücken und Ablegeschienen *d* ein Spalt von etwa 5—7 mm

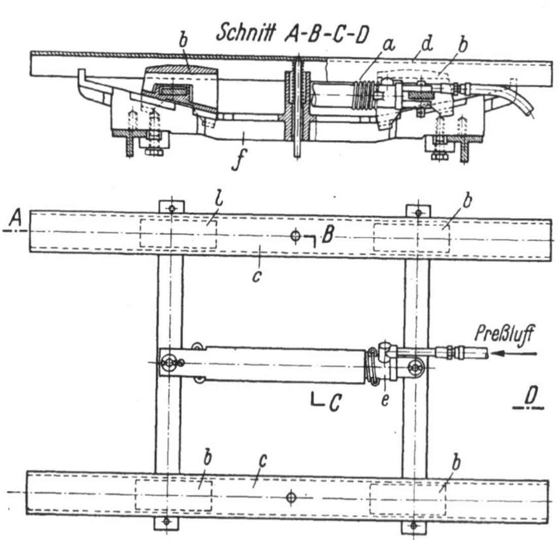

Abb. 85. Druckluft-Ausgleichvorrichtung (G.W.F.)

a = Zugfeder; *b* = Keile; *c* = Ablegetisch; *d* = Ablegeschienen; *e* = Zylinder; *f* = Gleitschienen.

bleibt. Dann läßt man Preßluft in den Zylinder *e* eintreten; dadurch gleiten die 4 Keile *b* auf den Gleitschienen *f* nach außen und heben die 2 Ablegeschienen *d* (U-Eisen) gegen den Kastenrücken an. Die 4 Keile *b* gleiten unabhängig voneinander so weit nach außen, bis die U-Schienen fest gegen den Kastenrücken anliegen. Der Kasten wird dabei einnivelliert. Es können also auch unbearbeitete Kästen verwendet werden.

39. Die Vibratoren (Abb. 86a—c) dienen zum Losklopfen der Form vom Modell. Sie werden fast durchweg mit Preßluft betrieben. Die Anzahl der Schläge in der Minute hängt von der Größe des Vibrators ab und beträgt bei den kleinen

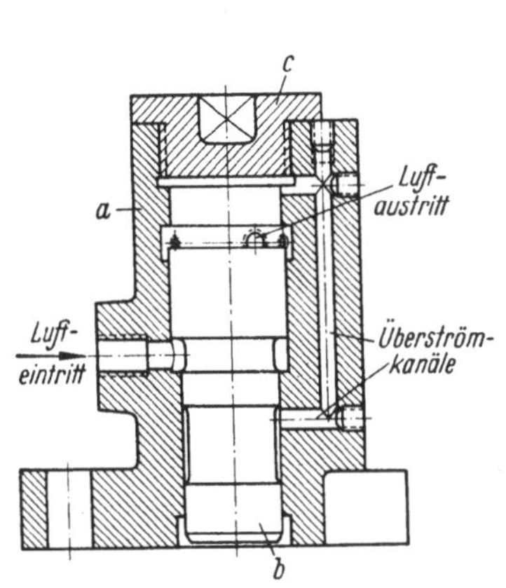

Abb. 86 a. Vibrator (K.W.A.).
a = Gehäuse; *b* = Differentialkolben; *c* = Verschlußmutter.

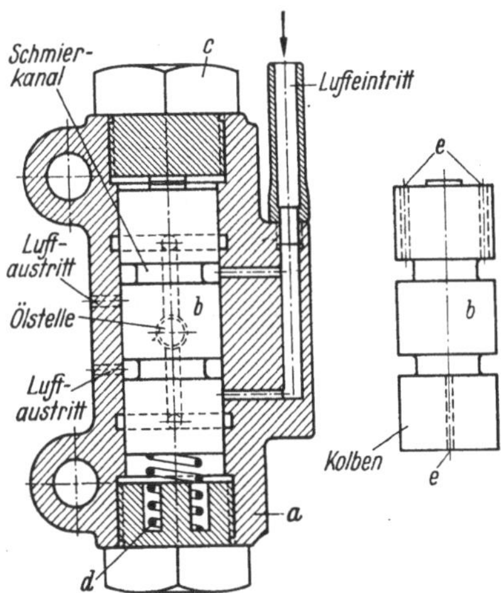

Abb. 86 b. Amerikanischer Vibrator (Osborn, Cleveland) für mittelschwere Arbeiten.
a = Gehäuse; *b* = Kolben; *c* = Verschlußmuttern; *d* = Feder; *e* = Luftdurchgangskanäle.

Ausführungen bis zu 4000. Während die schweren Vibratoren an die Wendeplatte oder den Formtisch angeschraubt werden, sind die leichten direkt an der Modellplatte befestigt (s. Abschnitt 57). Ihre Wirkungsweise geht aus den Bezeichnungen der Abbildungen hervor, so daß auf eine Beschreibung verzichtet werden kann. Elektrische Vibratoren haben sich in dem rauhen Gießereibetrieb nicht bewährt.

E. Rüttelpreßformmaschinen.

Wie aus der graphischen Darstellung der Abb. 7 zu ersehen ist, entsteht die größte Sanddichte beim Rütteln an der Modelloberfläche. Der Rückensand muß mit Hand nachgestampft werden. Diese Handarbeit wurde ebenfalls mechanisiert, wodurch die Rüttelpreßformmaschinen entstanden. Dadurch erzielt man eine Gleichmäßigkeit der Sandverdichtung, die auch den Anforderungen von vielgestaltigen Modellen entspricht. Durch Wegfall der ermüdenden Handstampfarbeit wurde durch die Rüttelpresse eine ganz beachtliche Leistungssteigerung erreicht. Die Arbeitsweise dieser Maschinengattung ist an Hand der Abb. 16 eingehend erläutert worden.

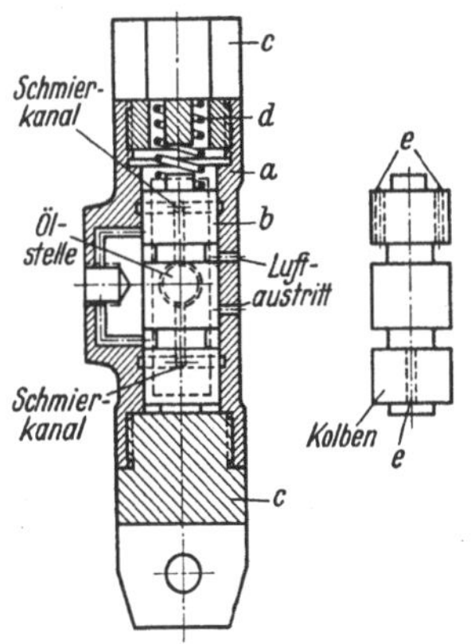

Abb. 86 c. Amerikanischer Vibrator (Osborn, Cleveland), für leichte Arbeiten. Bezeichnungen wie in Abb. 86 b.

40. Eine Osborn-Rüttelpreßformmaschine ist in Abb. 87 wiedergegeben. Diese Bauart ist äußerst handlich und für Kastenabmessungen bis zu 350 × 550 × 130 mm zu verwenden. Um den Weg zwischen Maschine und Abstellplatz für die gießfertige Form abzukürzen, wird die fahrbare Ausführung allgemein bevorzugt (s. Abschn. Kastenlose Formerei). Die Modelleinrichtung wird auf dem Rütteltisch *a* so befestigt, daß sie mit dem Abheberahmen *b* genau bündig geht. Darauf wird der Kasten gestellt, mit Sand gefüllt und gerüttelt. Zu diesem Zwecke drückt man mit dem linken Knie gegen das Rüttelventil *c*. Durch die Verwendung eines Knieventiles hat der Former beide Hände frei, um während des Rüttelns rasch den Sand zweckmäßig zu verteilen. Nach dem Rütteln legt man den Preßklotz auf, den man jedoch zweckmäßiger an dem Preßhaupt *d* befestigt, wodurch die Handgriffe vermieden werden, die mit dem Auflegen und Abnehmen verbunden sind. Das Preßhaupt *d* ist an dem Holm *f* befestigt. Es wird durch die Handhabe *e* nach vorn gezogen, so daß es mit dem Tisch genau parallel läuft. Der Abstand zwischen Preßplatte und Arbeitstisch kann jeweils der Höhe des Modelles angepaßt werden.

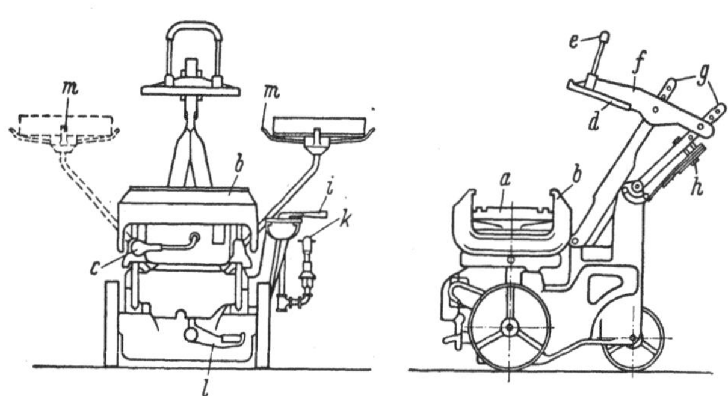

Zu diesem Zwecke kann man den Holm *f* in dem Gestänge *g* verstellen. Das ganze System ist durch eine nachstellbare Blattfeder *h* so ausgewuchtet, daß die Preßplatte ebenso leicht nach vorn wie nach hinten gelegt werden kann. Der Preßvorgang wird durch Öffnen des Ventiles *i* bewerkstelligt. Dadurch gehen der Rütteltisch *a* und Abheberahmen *b* nach oben und pressen

Abb. 87. OSBORN-Rüttelpreßformmaschine (Osborn, Cleveland).
a = Rütteltisch; *b* = Abheberahmen; *c* = Rüttelventil; *d* = Preßhaupt; *e* = Handhabe; *f* = Holm; *g* = Gestänge; *h* = Blattfeder; *i* = Ventil; *k* = Überdruckventil; *l* = Hebel; *m* = Siebhalter.

den gefüllten Kasten gegen das nach vorn gezogene Preßhaupt *d*. Ist der vorgeschriebene Druck erreicht, so bläst das Überdruckventil *k* ab. Durch dieses Ventil kann die jeweils erforderliche Sanddichte der Form angepaßt werden. Ein zu hartes Pressen ist ausgeschlossen. Nach dem Pressen dreht man den Steuerhebel *i* in die Ausgangsstellung zurück, wodurch Rütteltisch, Abheberahmen und gepreßte Form nach unten gehen. Jetzt wird das Preßhaupt *d* zurückgelegt und der Steuerhebel *i* auf „Abheben" gedreht. Dadurch bewegen sich unter selbsttätigem Einsetzen des Vibrators der Abheberahmen *b* mit dem Formkasten zunächst langsam dann rascher nach oben. Nachdem man den Steuerhebel wieder in die Ausgangsstellung gebracht hat, kann die fertige Form abgesetzt werden. Durch Niedertreten des Hebels *l* geht der Abheberahmen wieder in seine Grundstellung zurück. Die Maschine ist für die nächste Form bereit.

Die obere Seite des Preßhauptes *d* kann als Ablageplatz für kleinere Werkzeuge und Hilfsmittel benutzt werden, während der Siebhalter *m* in sehr bequemer Reichweite rechts oder links an der Maschine angebracht ist. Das sind an sich Kleinigkeiten, auf die aber der Amerikaner großen Wert legt. Er erspart dadurch dem Former das ermüdende Sichbücken und Aufheben des Siebes von der Gießereiflur. Die Maschine weist noch zwei weitere Annehmlichkeiten auf: Bei zurückgelegtem Preßhaupt ist der Arbeitstisch von allen Seiten zugänglich und das Gestänge des Preßholmes mit der Ausgleichblattfeder kommen mit Sand kaum in Berührung, sind also bequem zu reinigen und dem Verrosten und Verschleiß nicht preisgegeben.

41. Bei der Rüttelformmaschine mit Nachpressung (Abb. 88) ist der Rüttler für sich auf ein besonderes Untergestell gesetzt und der Preßkolben mit eingebauter Aushebevorrichtung gleichachsig darunter angebracht. Der Preßkolben b wird durch Druckluft gehoben, die Abhebestangen g sind einstellbar am Abhebetisch e befestigt. Der Zylinder c des ihn tragenden Kolbens d ist in den Preßkolben b eingebaut; d wird durch Druckluft mit Ölübertragung bewegt. Der Rüttelkolben i wird durch ein besonderes Rüttelventil r gesteuert, um ein Tanzen des mit der Modellplatte verbundenen Rütteltisches k zu vermeiden. Eine Befestigung des Formkastens auf der Modellplatte ist nicht erforderlich. Wie bei den anderen Rüttelpressen wird zunächst gerüttelt, dann gepreßt und schließlich abgehoben.

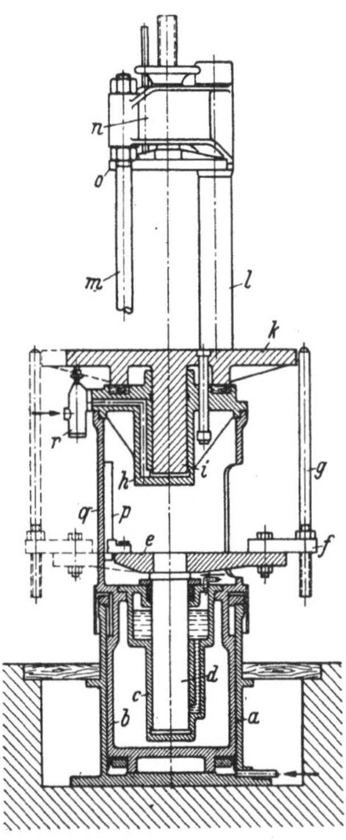

Abb. 88. Rüttelpreßformmaschine. (G.Z.R.)
a = Preßzylinder; b = Preßkolben; c = Abhebezylinder; d = Abhebekolben; e = Abhebetisch; f = Kulissen; g = Abhebestangen; h = Rüttelzylinder; i = Rüttelkolben; k = Rütteltisch; l = Drehsäule; m = Zugstange; n = Preßholm; o = einstellbare Preßplatte; p = Führung; q = Untergestell des Rüttlers; r = Steuerventil für i.

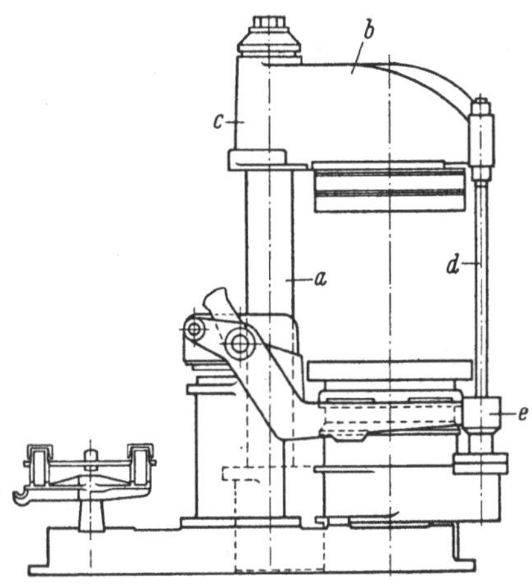

Abb. 89. TABOR-Rüttelpresse mit Umroller (G.W.F.).
a = Säule; b = Joch; c = Führungsbüchse; d = Zugstange; e = Ankeranschlag.

42. Die Tabor-Rüttelpresse mit Umroller (Abb. 89) ist aus dem stoßfreien Tabor-Rüttler hervorgegangen. Die Preßvorrichtung besteht aus der Säule a, die fest und starr mit dem Grundrahmen des Rüttlers verbunden ist. Das Joch b ist leicht in der kugelgelagerten Führungsbüchse c schwenkbar. Nach dem Rütteln wird das Joch eingeschwenkt, so daß die Zugstange d fest in den Ankeranschlag e einklinkt. Durch Betätigen eines Vierwegehahnes (nicht gezeichnet) wird der vorgerüttelte Kasten gegen den am Joch b befestigten Preßklotz gepreßt. Die sonstigen Arbeitsgänge und die Wirkungsweise der Maschine sind im Abschnitt 35 eingehend geschildert.

43. Die Nicholls-Rüttelpresse (Abb. 90) ist gekennzeichnet durch den aus einem Stück gegossenen Unterbau, von dem der Rüttelkolben a und der Preßkolben d mitsamt ihren Führungen umschlossen werden. Ein einziges Steuerventil löst nacheinander Rüttel-, Preß- und Abhebevorgang aus. Beim Rütteln tritt Druckluft in den Zylinder, verdichtet sich im Raume b und hebt den Rüttelkolben a hoch. Hat er den Kanal c überlaufen, so entweicht die Luft und der Kolben a fällt in die Anfangsstellung zurück, wobei die Stoßflächen bei f aufeinander prallen. Um zu pressen, läßt man die Luft in den Raum e treten, der Preßkolben d steigt und drückt den ganzen Tisch l mit der daraufstehenden Form gegen die Preßplatte h. In der höchsten Stellung wird die Form durch die an den beiden Führungssäulen m zur Wirkung kommenden Sperrklinken k festgehalten, worauf sich das Modell beim Absenken des Formtisches von der Form trennt. Es wird also nur zum Rütteln und Pressen Druckluft gebraucht. Die Ölung der ganzen Maschine geschieht selbsttätig mit Hilfe der Druckluft.

44. Die Rüttelpresse mit Ölbremse (Abb. 91) trennt Modell und Form gleichfalls durch den sinkenden Preßkolben. Mit Hilfe eines Steuersteines kann die Absenkgeschwindigkeit sehr fein eingestellt werden. In Verbindung mit der sehr

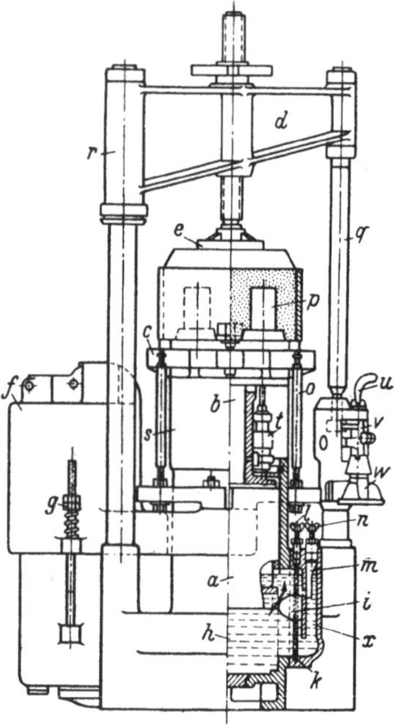

Abb. 91. Rüttelpresse mit Ölbremse. Ausführung: Vogel & Schemmann, Hagen-Kabel. (V.S.K.)

a = Preßkolben, im Ölbad geführt; b = Rütteltisch aus Stahlguß; d = Gegenpreßbrücke; e = Gegenpreßplatte, in der Höhe verstellbar; f = Abhebevorrichtung; g = Verstellbare Begrenzung des Abhebehubes; h = Ölfüllung des Preßzylinders; i = Steuerstein zur Hubeinstellung der Modellabsenkung; k = Gewindespindel zur Verstellung des Steuersteins i; l = Flügelmutter zur Verstellung des Steuersteins i; m = Absperrschieber zur Regelung der Absenkgeschwindigkeit des Modells; n = Flügelmutter zur Regelung der Absenkgeschwindigkeit des Modells; o = Abhebesäulen, waagerecht und senkrecht verstellbar; p = Modelle für Autokolben, 0,2 mm kegelig, dennoch kein Abstreifkamm; q = Zugstange, verhindert Durchfederung in der Preßstellung; r = Kugel- und Rollenlagerung; s = Schutzverkleidung des Preß- und Rüttelzylinders; t = Rüttelsteuerventil; u = Rüttel- und Preßsteuergriff; v = Preßblockierung verhindert Bedienungsfehler; w = Rüttel- und Preßsteuerventil; x = Umlaufkanal.

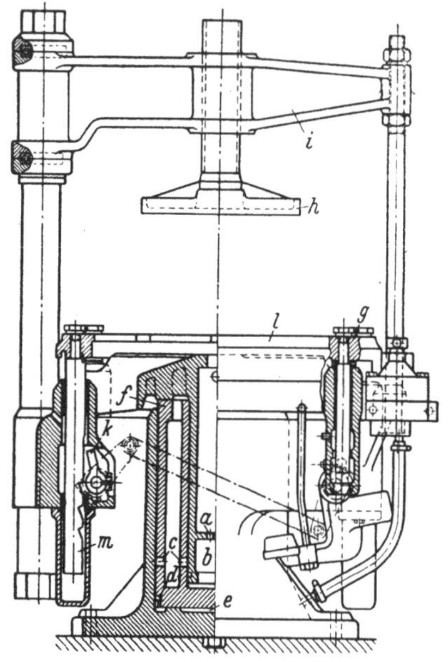

Abb. 90. NICHOLLS-Rüttelpresse. Ausführung: A.-G. der Eisen- und Stahlwerke vorm. Georg Fischer, Singen-Hohentwiel.

a = Rüttelkolben; b = Rüttelluftraum; c = Luftauslaßkanal; d = Preßkolben; e = Abhebeluftraum; f = Schlagflächen; g = Formplattentisch; h = Preßplatte; i = Preßholm; k = Sperrklinke; l = Formtisch; m = Führungssäulen.

langen Kolbenführung ist das Abheben auch steilwandiger Modelle wie Automobilkolben von nur 0,2 mm Anzug und 170 mm Höhe möglich. Der Rüttelkolben b wird durch den Schieber t so gesteuert, daß der Druckluftauslaß bis zum erfolgten Stoß offen hält, so daß der Rütteltisch frei herabfällt. Die Bedienung der Preßsteuerung ist nur bei eingeschwenktem Preßholm d und eingeschlagener Zugstange q möglich. Die Abhebestifte o gehen während der Aufwärtsbewegung des Preßkolbens a mit hoch, um die Form bei dessen Zurückgehen aufzunehmen. Der Preßkolben a taucht ganz in die Ölfüllung des Preßzylinders h ein. Die Senkgeschwindigkeit wird mittels eines Handgriffes gesteuert. Sie ist zum Trennen der Form von der Preßplatte e zunächst groß, um kurz vor der Modellabsenkung stark verzögert zu werden, damit sich die Form ohne Stoß auf die Abhebestifte o setzt. Mit zunehmender Entfernung von dem Formspiegel wird die Absenkbewegung wieder beschleunigt. Die Geschwindigkeit ändert sich selbsttätig, nachdem sie der Modellart entsprechend eingestellt ist. Hierzu dient der Steuerstein i, der durch die Gewindespindel k mit der Flügelmutter l senkrecht verstellbar ist. Sobald der Boden des Preßkolbens a in Höhe der Innenkante des Steuersteines i steht, beginnt die Absenkung des Modells p. Dabei ist der Übertritt des Öles aus dem Raum unter dem Kolben nahezu abgesperrt, wodurch die Senkgeschwindigkeit verlangsamt wird. Bei einfachen Modellen wird der Absperrschieber m ganz oder teilweise mit Hilfe der anderen Flügelmutter n geöffnet. Dann kann das Öl durch den Kanal x in den hohlen Preßkolben a überströmen. Die Höhenlagen des Steuersteines i und der Abhebevorrichtung f und o sind voneinander abhängig. Wenn der Boden des Kolbens a den Steuerstein i erreicht, berührt der Formkasten die Abhebestifte o. Der Rüttelvorgang spielt sich in bekannter Weise ab. Dabei dient der auf Öl ruhende Preßkolben a gewissermaßen als Stoßdämpfer. Der Formvorgang ist der bei Rüttelpressen übliche. Die Maschinen haben sich in der Praxis ausgezeichnet bewährt. Infolge der eigenartigen Konstruktion stellen sie sich allerdings im Preis recht teuer, so daß sie nicht mehr gebaut werden.

Bei den Rüttelpressen neuerer Bauart ist man von der Drehsäule mit Zugstange abgegangen. Man hat den kreisförmigen Querschnitt der Säule durch einen I-förmigen ersetzt, wodurch das Widerstandsmoment ganz erheblich erhöht wurde. Die Schwenksäule besteht aus Grau- oder Stahlguß und besitzt eine solche Steifigkeit, daß sie den Preßholm ohne Zugstange frei tragen kann.

45. Bei den Schwenksäulen (Abb. 92) ist der Holm in langer Nabe mit Rollen- und Kugellagern gelagert. Seine Bedienung wird dadurch leichter, und er braucht zum Freigeben des Formtisches nur um 90° zur Seite geschwenkt zu werden. Außerdem ist man in der Verwendung verschiedener Formkastengrößen auf derselben Maschine freier, die sonst durch die Zugstange beengt ist. In dem vom Untergestell umschlossenen Preßkolben n ist ein stoßfreier Amboßrüttler m eingebaut, auf dessen Kolbentisch d die Modellplatte befestigt wird. Dieser Rüttler arbeitet ohne Ventil, d. h., daß er ein besonderes Einstellventil zur Regulierung des Rüttelschlages entsprechend der Nutzlast nicht benötigt. Nur bei besonders großen Gewichtsschwankungen kann es zweckmäßig sein, den Rüttelhub mittels einer einfachen Drosselschraube anzupassen. Er kommt während des Pressens nicht ohne weiteres zum Stillstand. Es ist vielmehr je nach Art des Modelles

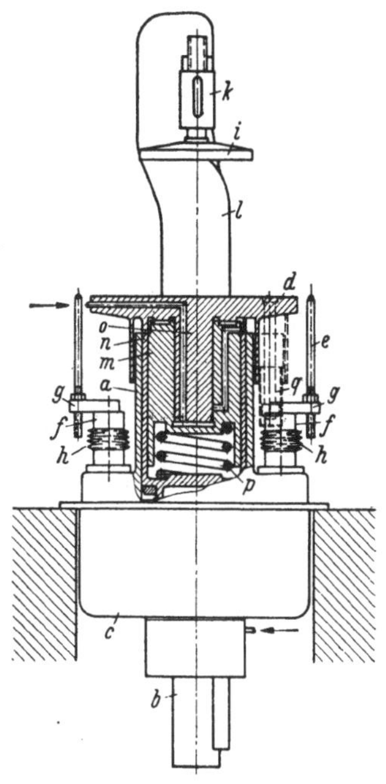

Abb. 92. Rüttelpreßformmaschine. (G.Z.R.)

a = Rüttelzylinder; b = Abhebezylinder; c = Ölbehälter mit Führungen; d = Rütteltisch; e = Abhebestangen; f = Querhäupter; g = Kulissen; h = Lederschutzhüllen; i = Preßplatte; k = Preßholm; l = Holmständer; m = Rüttelamboß; n = Preßkolben; o = Rüttelkolben; p = Amboßtragfeder; q = Rüttelkolbenführung.

möglich, gleichzeitig oder nacheinander zu rütteln und zu pressen oder umgekehrt. Bei flachen Modellen kann man auch nur pressen. Es ist ein besonderer Abhebezylinder b unter dem Rüttelzylinder a vorgesehen, der in der Mittelachse des Ölbehälters c gleichachsig mit Rüttel- und Preßzylinder angeordnet ist. Der Abhebekolben steht mit dem Preßkolben m in keiner Verbindung, trägt vielmehr innerhalb des Ölbehälters c ein Querhaupt, an dessen beiden seitlichen Enden je ein Führungskolben sitzt. Diese Kolben tragen oben die beiden Querstücke f, an denen die Kulissenträger g für die vier Abhebestifte e einstellbar befestigt sind. Harmonikaartige Lederumhüllungen h schützen die aus dem Ölbehälter c herausragenden Teile der Abhebekolben vor der Berührung mit Sand. Durch diese beiden Kolben und den langen Abhebekolben wird eine dreifache Führung der Abhebebewegung erreicht, die im Ölbad liegt und der Einwirkung des Sandes vollständig entzogen ist. So ist ein dauernd sauberes Abheben gewährleistet, wobei als Druckmittel Öl unter Einwirkung von Druckluft durch Kanäle unter den Abhebekolben gelangt. Durch allmähliches Freigeben größerer Kanalquerschnitte kann die Abhebegeschwindigkeit in bekannter Weise geregelt werden. Der Formvorgang entspricht dem der anderen Rüttelpressen.

46. Zwillingsformmaschinen. Bei dem Stiftabhebeverfahren sind zum Herstellen einer vollständigen Form im allgemeinen zwei Formmaschinen erforderlich, je eine für Ober- und Unterkasten. Man braucht also mindestens zwei Mann Bedienung, wenn die Maschinenformer selbst ihre Formen absetzen, außerdem eine doppelt so große Bodenfläche. Hinzu kommt, daß die beiden Former im gleichen Tempo arbeiten müssen, damit nicht der eine auf den anderen beim Absetzen der Formen zu warten hat. Das beeinträchtigt die gute Ausnützung der Leistungsfähigkeit der Formmaschinen. Man hat deshalb für kleinere Formen sog. Zwillingsformmaschinen (Abb. 93) gebaut, auf denen ein Former gleichzeitig Ober- und Unterkasten formt und die erheblich weniger Grundfläche gebrauchen als zwei Einzelmaschinen. Bei der gezeichneten Anordnung sind zwei der soeben beschriebenen Rüttelpressen dicht nebeneinander gestellt. Ihre beiden ausschwenkbaren Preßholme sind durch eine waagerechte Zugstange miteinander verbunden, so daß sie zugleich bewegt werden können.

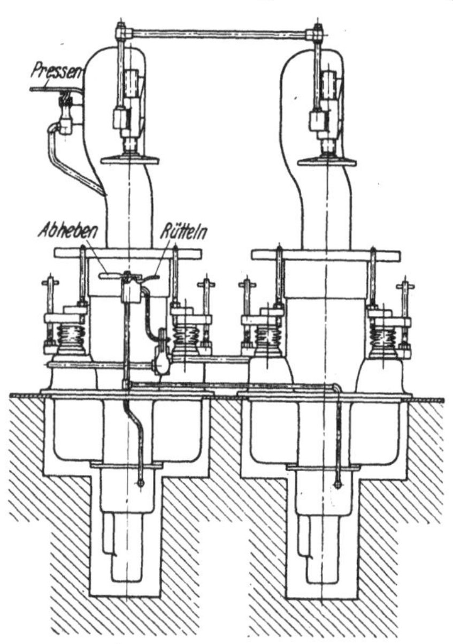

Abb. 93. Zwillingsrüttelpresse. (G. Z. R.).

Außerdem werden beide Maschinen durch dieselben hier an der linken Rüttelpresse angeordneten Ventile beeinflußt, so daß sie die einzelnen Arbeitsstufen gleichzeitig durchlaufen. Da jede Maschine für sich einstellbar ist, können auch verschieden hohe Kästen zur selben Zeit verwendet werden. Ein Arbeiter kann also mit einer solchen Zwillingsformmaschine ungefähr dieselbe Zahl vollständiger Formen herstellen wie sonst zwei. Die Größe der Maschinen ist durch die Abmessungen der Halbformen begrenzt. Ihr Gewicht sollte nicht größer sein als ein Mann bequem tragen kann, sonst können die Maschinen nicht voll ausgenutzt werden.

47. Die Tabor-Rüttelpresse (Abb. 94). Für diesen stoßfreien Rüttler ist kein besonderes Fundament notwendig. Er kann ohne Bedenken auch in Stockwerken oder über unterkellerten Räumen aufgestellt werden. In dem Grundrahmen a ruht der Amboß b auf der Amboßfeder c. Der Preßkolben d, mit Kolbenringen versehen, führt in dem Zylinder e. In ihm bewegt sich der Rüttelkolben mit Rütteltisch f. Im Rüttelkolben sitzt das Rüttelventil g mit dem oberen und unteren Ventilsitz h bzw. i. Zum vollständigen Auffangen des Rüttelschlages dienen die Pufferscheiben k und Korkplatten l.

Die Abhebevorrichtung besteht aus 2 Abhebekolben m, die in den Abhebezylindern n führen. Der Abheberahmen o wird durch Führungsstangen p geführt und trägt außerdem 4 Stifthalter q mit den 4 Abhebestiften r. Die 4 Ecken des Tisches f sind gebrochen, so daß die Stifte den Formkasten an den Ecken tragen.

Die Säule s, mit einem Profil von großem Widerstandsmoment, trägt oben das um die Welle t schwenkbare Joch u, an ihm ist die Gegendruckplatte v abnehmbar befestigt.

Die Arbeitsweise dieser Maschine dürfte ohne weiteres verständlich sein. Sämtliche Arbeitsgänge werden durch den Drehschieber w in zwangläufiger Reihenfolge durch das Handrad x gesteuert. Es sind eine Feinregulierung für die Absenkvorrichtung und ein Regulierhahn für den Rüttler angebracht. Ein Überdruckventil regelt den für die Form notwendigen Druck. Dadurch ist ein gleichmäßiges Verdichten des Formsandes bei den verschiedenen Formkästen gewährleistet. Es muß besonders erwähnt werden, daß der Modellabhub durch Absenken des Preßkolbens mit dem Modell erfolgt, während der Formkasten auf den hochgefahrenen Stiften ruht. Beim Abheben setzt ganz selbsttätig der unter dem Arbeitstisch befindliche Vibrator y ein.

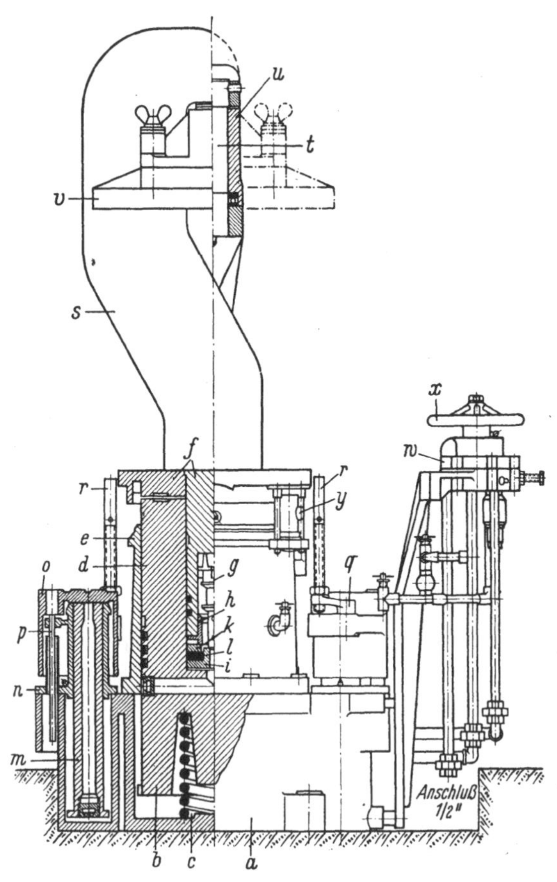

Abb. 94. TABOR-Rüttelpresse. (G. W. F.)

a = Grundrahmen; b = Amboß; c = Amboßfeder; d = Preßkolben; e = Zylinder; f = Rütteltisch; g = Rüttelventil; h = Ventilsitz; i = Ventilsitz; k = Pufferscheiben; l = Korkplatte; m = Abhebekolben; n = Abhebezylinder; o = Abheberahmen; p = Führungsstange; q = Stifthalter; r = Abhebestift; s = Säule; t = Welle; u = Joch; v = Gegendruckplatte; w = Drehschieber; x = Handrad; y = Vibrator.

48. Stampfrüttler. Anstatt eine besondere Presse für die Verdichtung des Rükkens der gerüttelten Form einzubauen, kann man dazu auch eine Stampfplatte benutzen, die während des Rüttelns auf der Form liegt (Abb. 95). Unten im

Maschinengestell des Stampfrüttlers ist ein stoßfreier Rüttler a eingebaut, mit der die Abhebestifte d tragenden Platte c. Seitlich am Gestell ist eine Schwenksäule p befestigt, an der oben ein ausschwenkbarer Holm o mit dem Hubzylinder l für die Stampfplatte h sitzt. Nach Aufsetzen und Füllen des Formkastens g auf der Modellplatte f wird die Stampfplatte h in die skizzierte Stellung geschwenkt und durch Ablassen der Druckluft unter dem Hubkolben m auf den Sandrücken heruntergelassen. Jetzt wird gerüttelt, wobei der Druck der Stampfplatte gleichzeitig die oberen Formsandschichten verdichtet. Hierauf wird die Platte h durch Zuführen von Druckluft unter den Kolben m wieder hochgehoben und nach Wiederausschwenken des Holmes o die Trennung der Form von der Modellplatte f durch Betätigung der Abhebestifte d herbeigeführt. Das Hochheben und Herunterlassen der Stampfplatte kann auch durch eine Handabhebevorrichtung vorgenommen werden.

Obgleich auch die Preß- und Stampfrüttler Spiegel und Rücken der Form gut verdichten und so eine wesentlich gleichmäßigere Form ergeben als es mit einfachen Rüttlern oder Pressen, besonders bei höheren Modellen, möglich ist, so können doch in den Übergängen von weiten zu engen Sandquerschnitten zwischen Rücken- und Spiegel-

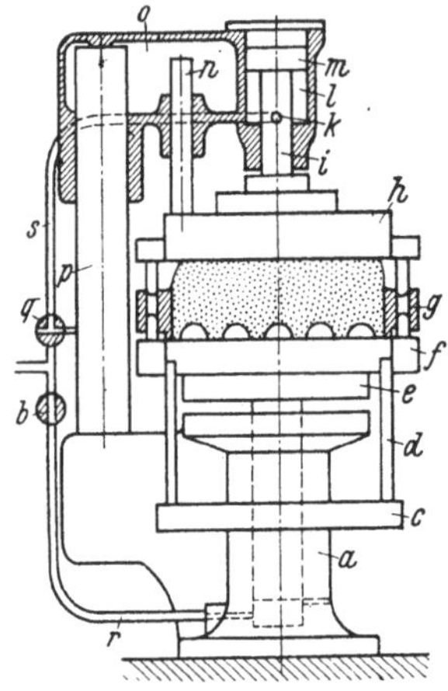

Abb. 95. Stampfrüttler. (V.S.K.)

a = Stoßfreier Amboßrüttler; b = Drucklufthahn für den Rüttler; c = Abhebeplatte; d = Abhebestifte; e = Rütteltisch; f = Modellplatte; g = Formkasten; h = Stampfplatte; i = Kolbenstange; k = Lufteinlaß; l = Hubzylinder; m = Hubkolben für die Stampfplatte h; n = Führung der Stampfplatte; o = Ausschwenkbarer Holm; p = Drehsäule; q = Drucklufthahn für das Hochheben der Stampfplatte h; r = Luftleitung zum Rüttler a; s = Luftleitung zum Hubzylinder l.

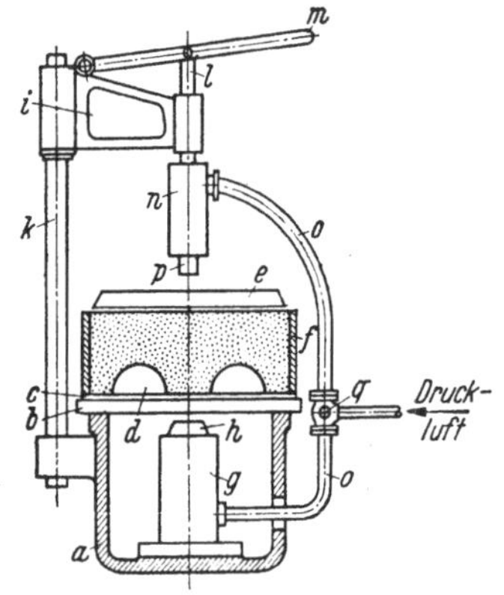

Abb. 96. Hammerrüttelpresse nach GRINDAL.

a = Maschinengestell; b = Rütteltisch; c = Modellplatte; d = Modelle; e = Stampfplatte; f = Formkasten; g = Rüttler; h = Stoßkolben; i = Schwenkholm; k = Drehsäule; l = Stange; m = Hebel; n = Hammergehäuse; o = Luftleitungen; p = Stößel; q = Steuerventil.

schicht Sandstauungen eintreten. Infolgedessen rutschen dann die oben bereits eine gewisse Verdichtung besitzenden Sandschichten nicht mehr nach, so daß die Form an solchen Stellen locker bleibt, was leicht zu Ausschuß führt. Um diese sog. Brückenbildung zu vermeiden, hat man eine zusätzliche Erschütterung der Stampf- oder Preßplatte durch einen oder mehrere Lufthämmer vorgesehen (Abb. 96). Da die Rüttelstöße von unten und die Schläge von oben beide in senkrechte Richtung, aber asynchron auf die Formkastenfüllung wirken, ist sie während des ganzen Formvorganges einer der beiden Schlagwirkungen ausgesetzt, was zu einer ganz gleichmäßigen Verdichtung führt. Die in der schematischen Skizze beispielhaft dargestellte Anordnung besitzt einen im Maschinengestell a aufgestellten Rüttler g, dessen Stoßkolben h den Rütteltisch b erschüttert und dadurch die unteren Schichten der auf der Modellplatte c stehenden Form f über den Modellen d verdichtet. Während des Rüttelns wird mittels des Handhebels m das Hammergehäuse n auf die Stampfplatte e heruntergesenkt und der Hammerstößel p schlägt auf die Platte e, die allmählich in den Sand eindringt. Bei dem Beispiel wird die Druckluft durch ein Steuerventil q dem Rüttler g und dem Schlagwerkzeug durch Schläuche zugeführt. Die Preßeinrichtung ist der Übersichtlichkeit wegen fortgelassen, ebenso die Abhebevorrichtung. Die Hämmer können ohne weiteres in jeden Preßrüttler eingebaut werden. Handelt es sich um verwickelte aber niedrige Modelle, so genügt die Verdichtung durch solche Hämmer, ein Rüttler ist dann nicht erforderlich.

49. Bei der Presse mit Stampfern (Abb. 97) sind kleine Schnellhämmer a auf der Preßplatte c befestigt. Sie schlagen durch entsprechende Öffnungen in c hindurch auf eine Blechplatte b, die mittels Schrauben d unter der Preßplatte c aufgehängt ist. So werden die Hammerschläge auf die Preßklötze e

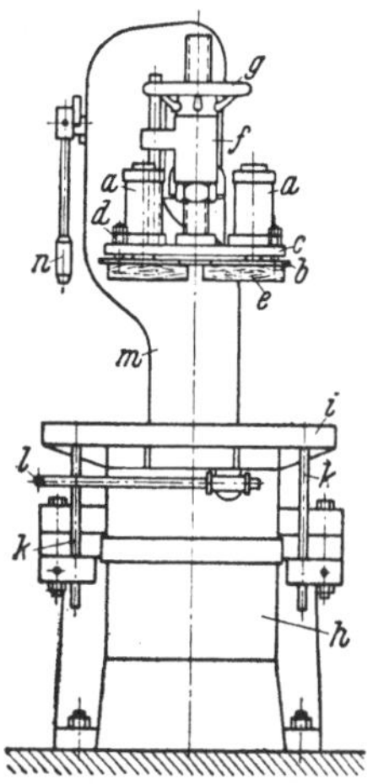

Abb. 97. Druckluftpresse mit Stampfvorrichtung und Handabhebung. (K.W.A.)

a = Druckluftstampfer; b = Stampfblechplatte; c = Preßplatte; d = Hängeschrauben; e = Preßklötze; f = Preßholm; g = Handrad zum Einstellen der Preßplatte; h = Druckluftpresse; i = Arbeitstisch; k = Abhebestifte; l = Abhebehebel; m = Ständer; n = Steuerhebel.

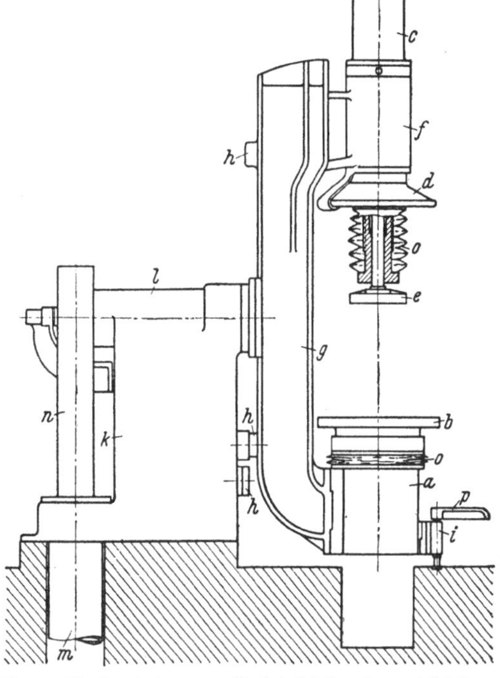

Abb. 98. Wenderüttelpresse mit Spindelabsenkung. (G.Z.R.)

a = Rüttel- und Preßzylinder; b = Formtisch; c = Absenkvorrichtung; d = Handrad zum Einstellen der Anfangssenkgeschwindigkeit; e = Preßplatte, zugleich Abhebetisch; f = Ausschwenkbarer Preßholm; g = Ständersäule; h = Anschläge; i = Verriegelung der Schwenkbewegung; k = Wendegestell; l = Wendezapfenlager; m = Wendezylinder; n = Einkastelung der Wendeorgane; o = Lederschutzhülle; p = Fußhebel.

übertragen und führen eine gleichmäßigere Verteilung des Sandes während oder nach dem Pressen herbei. Die Presse h liegt unter dem Arbeitstisch i im Untergestell. In sie kann für höhere Modelle auch noch ein Rüttler eingebaut werden. Das Trennen von Modell und Form erfolgt nach dem Abhebeverfahren von Hand durch Umlegen des Hebels l.

50. Wenderüttelpresse. Die Vorzüge der Wendeformmaschine gegenüber der mit Wendeplatten arbeitenden, besonders beim Einformen hoher Modelle mit Sandballen, und ihre Arbeitsweise wurden in Abschn. 8 bereits eingehend erörtert. Es lag nahe, auch Preßrüttler als Wendemaschinen auszubilden, um so mehr als bei hohen Formen, für die sie in erster Linie gebaut werden, die Vorzüge des Wendens besonders in Erscheinung treten. Die Wenderüttelpresse (Abb. 98), die für den Beginn des Formvorganges gezeichnet ist, besitzt eine Ständersäule g, die unten

den Rüttler und die Presse umschließenden Zylinder *a* trägt und oben den ausschwenkbaren Holm *f* mit der Absenkvorrichtung *c* und der einstellbaren Preßplatte *e*. Die Säule *g* ist ihrerseits wieder mit einem langen waagerechten kräftigen
Zapfen verbunden, der sich auf Rollen im Wendelager *l* dreht. Gewendet wird
durch zwei in senkrechten Druckluftzylindern *m* gleitende Kolben, für beide Dreh-
richtungen selbsttätig, mit einstellbarer Wendegeschwindigkeit. Nach dem Verdichten des Sandes wird die Säule um 180° geschwenkt, wobei die Form zwischen
Preßplatte *e* und Arbeitstisch *b* festgeklemmt bleibt, bis die Absenkvorrichtung *c*
in die untere Stellung gelangt ist. Mittels zentraler Spindelabsenkung, die unter
Einwirkung des Formgewichtes bei einstellbarer Geschwindigkeit vor sich geht,
werden nunmehr Modell und Form getrennt. Die Absenkgeschwindigkeit wird bis
zum Loslösen des Modelles aus dem Sande durch Drehen des Handrades *d* je nach

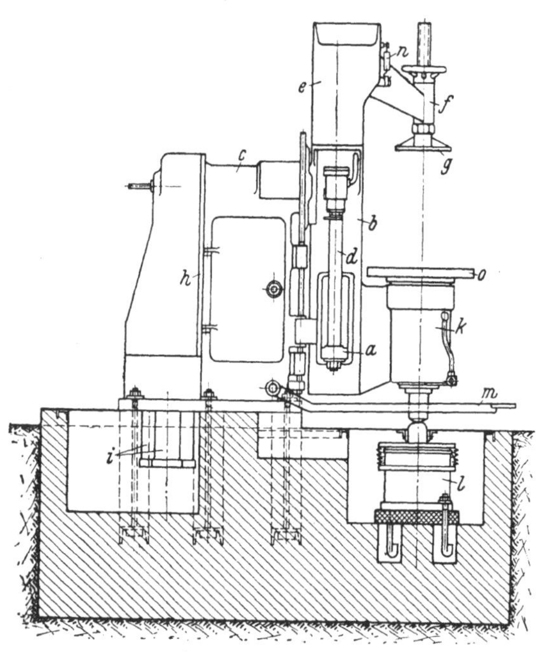

Abb. 99. Wendepreßrüttler mit Ölkolbenabhebung. (K.W.A.)
a = Absenkhubführung;   *b* = Schwenksäule;   *c* = Drehzapfen-
lager;   *d* = Absenkführung;   *e* = Säulenkopf;   *f* = Preßholm;
g = Preßplatte,   zugleich   Absenktisch;   *h* = Lagergestell;
i = Wendezylinder; *k* = Rüttler; *l* = Presse; *m* = Fußhebel zum
Wenden; *n* = Verriegelung des Holms *f*; *o* = Arbeitstisch.

Modellart geregelt, worauf das
weitere Absenken selbsttätig verläuft. Nach dem Absetzen der
fertigen Form wird durch Treten
auf den Fußhebel *p* die Verriegelung *i* gelöst, und die Formeinrichtung geht wieder in die gezeichnete Anfangsstellung zurück.

Um die zu schwenkenden Gewichte zu verringern, kann man
auch Presse und Rüttler trennen
und erstere unter die Maschine
setzen, außerdem die Absenkvorrichtung in der Schwenksäule
unterbringen (Abb. 99). Die
Druckluftpresse *l* überträgt durch
ihre Kolbenstange den Druck auf
eine Verlängerung des im Rüttelzylinder *k* sich bewegenden
Rüttelkolbens, der den Arbeitstisch *o* trägt. Die Schwenksäule *b*
besitzt einen besonderen, senkrecht beweglichen Kopf *e*, an dem
sich der ausschwenkbare Preßholm *f* mit der einstellbaren Preßplatte *g* befindet, die gleichzeitig
als Absenktisch nach dem Wen-

den die Form trägt. Die Absenkgeschwindigkeit kann der Modellgestalt angepaßt
werden, wobei das Absenken selbst ohne Druckluft unter Einschaltung einer Ölvorlage durch das eigne Formgewicht bewirkt wird. Das Hin- und Zurückwenden der
Schwenksäule *b* besorgen zwei senkrechte Zylinder *i*, deren Kolben durch auf Öl wir-
kende Druckluft bewegt werden, um gleichmäßig zu schwenken. Beim Fortnehmen
der abgesenkten Form geht die Maschine von selbst in die Grundstellung zurück.

F. Schleuderformmaschinen.

51. Ortsfeste Sandschleuderformmaschinen. Auf den Grundgedanken ist bereits in Abschnitt 4 hingewiesen worden. Der mechanische Sandschleuderer (Abb.
100) ist im Grunde genommen weiter nichts als eine elektrisch betätigte Vorrich-

tung, die es ermöglicht, in der Minute 1450 Hände Sand in den Formkasten zu schleudern. Der aufbereitete Formsand wird durch ein Förderband oder eine andere Füllvorrichtung in den hochgelegenen Vorratsbehälter a gebracht. Er faßt etwa 3 cbm. Der Sand tritt unten am Auslauf b aus; die Menge ist durch Abstreifer einstellbar. Er fällt in den Trichter c, aus dem ihn ein Bandförderer d dem Aufgabetrichter e zuführt. Aus ihm schafft ein zweiter Bandförderer f den Sand zum Schleuderkopf g. Der Schwenkarm h ist um den Zapfen i waagerecht leicht drehbar. Oberhalb dieses Zapfens ist der Motor k gut verkapselt eingebaut. Er treibt das erste Förderband d an. Der Motor l bewegt durch ein Zwischengetriebe das zweite Förderband f und ist außerdem durch eine Welle m direkt mit der Schleuderscheibe des Schleuderkopfes g verbunden. Der Schleuderkopf g mit Antriebswelle m und Motor l sind, zusammen mit dem Förderband f und Aufgabetrichter e, um den Zapfen n waagerecht schwenkbar. Die Ausladung von Mitte Zapfen i bis zur Schleuderscheibe beträgt 6 m, so daß

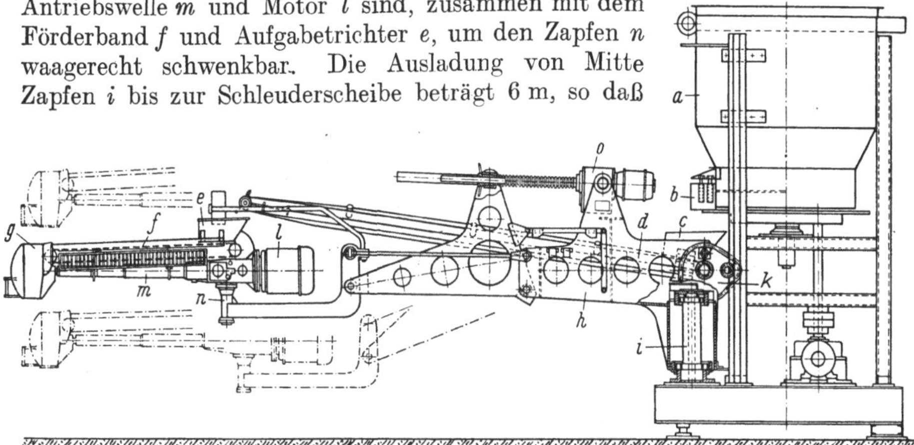

Abb. 100. Ortsfeste Sandschleudermaschine. Ausführung: Graue G. m. b. H., Hannover-Wülfel. (G.H.W.)
a = Vorratsbehälter; b = Auslauf; c = Trichter; d = Bandförderer; e = Aufgabetrichter; f = Bandförderer; g = Schleuderkopf; h = Schwenkarm; i = Zapfen; k = Motor; l = Motor; m = Welle; n = Zapfen; o = Hebe- und Senkvorrichtung.

der Schleuderkopf eine Kreisfläche von 12 m Durchmesser bestreicht. Außerdem kann man den Schleuderkopf g durch eine elektrisch betätigte Vorrichtung o heben und senken. Die tiefste Stellung beträgt 600 mm, die höchste dagegen 1800 mm. Man kann also den Schleuderkopf je nach der Höhe des Formkastens einstellen.

Die mittlere Austrittsgeschwindigkeit der Sandklumpen aus dem Kopf ist $\frac{0{,}34 \cdot \pi \cdot 1450}{60} = 25{,}8$ m/sek. Je schneller der Sandstrahl über die Kastenfläche geführt wird, um so lockerer wird die Sandschichtung. Es liegt also im Belieben des Formers, wie fest er die einzelnen Schichten der Sandform schleudern will. Wenn der Kasten voll ist, wird abgestrichen. Ein Nachstampfen ist nicht erforderlich. Die Leistung der Schleuderer beträgt je Stunde 12—15 cbm festgeschleuderten Sand. Viel schwieriger ist das Problem des Abhebens und Abtransportes der geformten Kästen. Die ortsfesten Maschinen stellt man daher am Rand eines Drehtisches auf, auf dem man je 2 Abhebemaschinen für Unterkästen und Oberkästen befestigt hat. Zunächst wird der Unterkasten geschleudert; während dieser von der Abhebemaschine abgehoben und fertiggemacht wird, füllt man den Oberkasten, danach wieder den nächsten Unterkasten u. s. f. Auf diese Weise ist das Schleuderrad ununterbrochen im Betrieb, was Voraussetzung für die Wirtschaftlichkeit einer Sandschleuderformmaschine ist.

Als Modelle können die üblichen Holz- oder Metallmodelle benutzt werden. Besondere Modellplatten sind nicht erforderlich. Man kann mit ihnen Formen jeder Größe über gewöhnlichen Modellen, wie sie in der Handformerei benutzt werden, in Ober- und Unterkasten oder verdecktem Herdguß herstellen. Es muß lediglich für eine Abhebevorrichtung und für raschen Abtransport der gefüllten Kästen gesorgt werden.

52. Fahrbare Sandschleuderformmaschine. Während einem ortsfesten Schleuderer der Formsand durch ein umfangreiches Fördersystem zugeführt wird, versorgt sich der fahrbare selbst mit Sand. Diese Ausführung ist für deutsche Verhältnisse weniger geeignet, hat sich dagegen in amerikanischen Gießereien ganz besonders eingeführt. Die Abb. 101 zeigt den oben beschriebenen Sandschleuderer

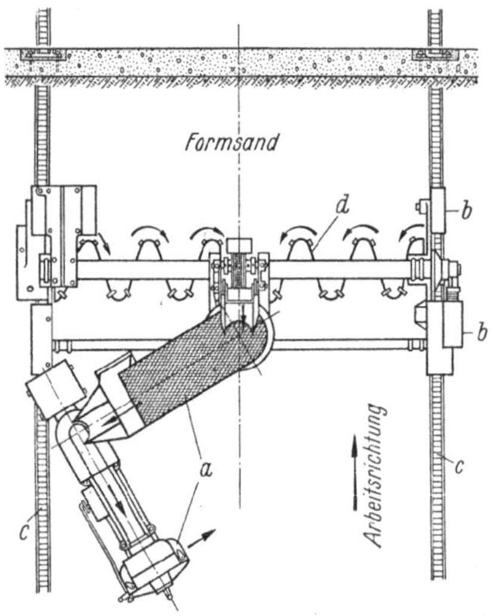

Abb. 101. Fahrbarer Schleuderer (Beardsley & Piper, Chicago).

a = Sandschleuderer; b = Räder; c = Zahnschienen; d = links- und rechtsgängige Schnecke.

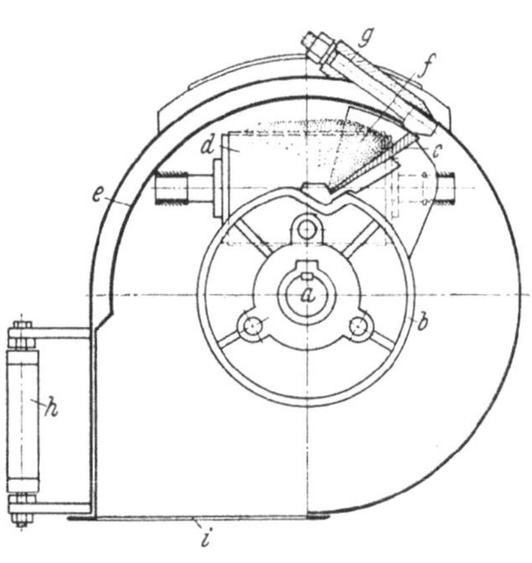

Abb. 102. Schleuderkopf zum Sandschleuderer·
Ausführung: Graue G.m.b.H. Hannover-Wülfel·
(G.H.W.)

a = Antriebswelle; b = Schleuderscheibe; c = Schleuderbecher; d = Sandzubringer; e = Schutzblech; f = Entstehender Sandballen; g = Befestigung des Schutzblechs; h = Handgriff; i = Auswurföffnung.

a, der auf einem kräftigen Fahrgestell ruht. Die Räder b kämmen in den in Beton verlegten Zahnschienen c. Der Sand liegt zwischen den Schienen in einem langen Haufen. Die links- und die rechtsgängige Schnecke d wühlen sich in den Sandhaufen ein, mischen ihn durch und bringen ihn in Pfeilrichtung dem Becherwerk von beiden Seiten aus zu. Dieses fördert ihn nach oben in das Schüttelsieb der Schleudervorrichtung. Der Schleuderer beginnt seine Arbeit am Morgen am einen Ende der Gießhalle. Dabei liegen die Schnecken in der Bewegungsrichtung vor der Maschine. Die Bedienung geht hinter der Maschine her. Die Abhebemaschinen sind ebenfalls fahrbar und an dem Schleuderer angeseilt. Sie werden hinterher gezogen. Soweit es sich um leichte bis mittelschwere Kästen handelt, werden diese mit Hand abgesetzt. Bei schweren Formen wird ein Laufkran mit Lufthebezeugen benutzt. Nachdem die Maschine sich während einer Tagesschicht die Gießhalle entlang gearbeitet hat, wird sie mittels Kranes gewendet, um am nächsten Tage denselben Weg wieder zurückzulegen. Besondere Kolonnen schlagen nachts die Kästen aus und bereiten den Sand zwischen den Schienen auf.

53. Das Schleuderorgan (Abb. 102) ist der wesentlichste Bestandteil der Maschine und bedarf besonderer Wartung. Es ist von einem Blechgehäuse umschlossen. Auf der Antriebswelle a (in Abb. 100 mit m bezeichnet) sitzt die genau ausgewuchtete Schleuderscheibe b mit dem Schleuderbecher c, der nach innen zu offen ist, so daß der Sand darin aufgenommen werden kann. Da er starkem Verschleiß unterliegt, kann er durch Keil- und Schraubenverschluß rasch ausgewechselt werden. Beim Vorbeistreichen am Sandzubringer d füllt sich der Becher und bildet so den Sandballen f, der durch die untere Öffnung i des Gehäuses hinausgeschleudert wird. Der auswechselbare Stahlblechstreifen e bildet den Abschluß des Bechers nach außen hin. Zum Hinwegführen des Schleuderkopfes über die Formkästen dienen Handgriffe h. Der elektrische Antrieb der Schleuderscheibe wird durch Druckknopfschalter betätigt, die in der Nähe des Handgriffes am Gehäuse angebracht sind. Die Anordnung des Schleuderkopfes ist für alle Arten von Schleuderformmaschinen dieselbe.

G. Besondere Formverfahren.

54. Kastenloses Formen (Sandblockformen). Einen sehr beachtlichen Faktor in der Wirtschaftlichkeitsberechnung der Maschinenformerei stellt der Formkastenpark dar. Die Kästen müssen nicht nur sauber geformt sein, sie verlangen auch eine Bearbeitung der Fläche, mit der man sie auf die Modellplatte setzt. Die Kastenführungen werden genau nach Lehren gebohrt, so daß ein Auswechseln der Kastenteile untereinander ohne weiteres möglich ist. Die Unterhaltung der Formkästen ist ebenfalls kostspielig und erstreckt sich in erster Linie auf Instandsetzen der Kastenführungen. Abgesehen von der Festlegung großer Geldsummen werden erhebliche Mengen Eisen einer zweckmäßigeren Verwendung der Volkswirtschaft entzogen. Schließlich sei noch erwähnt, daß die Maschinenformer und auch die Ausleerkolonnen bei Verwendung von Formkästen täglich viele Tonnen tote Lasten bewältigen müssen.

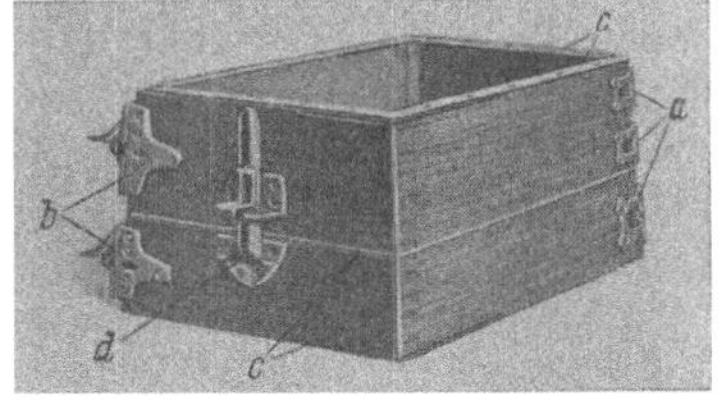

Abb. 103. Hölzerner Abschlagkasten. (Amerikan. Bauart).
a = Scharniere; b = Schlösser; c = Schutzleisten aus Bandeisen; d = w-förmige Kastenführung.

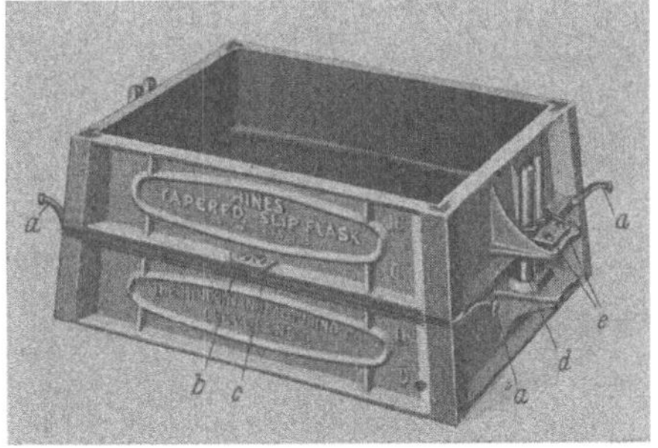

Abb. 104. Abstreifkasten aus Metall. (Amerikan. Bauart.)
a = Sandleisten; b u. c = Drehpunkte für Sandleisten a; d = Führungsstifte; e = nachstellbare Lochführungen.

Es sind daher Formverfahren entwickelt worden, bei denen die Formkästen entweder durch ein in der Formmaschine immer verbleibendes Formkastenpaar oder durch sog. Abklappkästen ersetzt wurden. Die erste „kastenlose Formmaschine" wurde 1889 durch den Engländer LEEDER gebaut. Bei ihr wurde der fertiggeformte Sandblock samt eines Bodenbrettes oder Rostes herausgedrückt[1].

---

[1] Maschinenformerei im Sandblock v. U. LOHSE, Anzeig. f. Maschinenwesen, Verlag W. Girardet, Essen, 1. Sept. 1936, Heft 70.
Eine kleine Gießerei wird leistungs- und wettbewerbsfähig durch Einführung der kastenlosen Formung. Gießereipraxis, 1940, Heft 9, S. 105—110.

Das kastenlose Formen [1] ist in Amerika sowohl in der Bank- als auch Maschinenformerei sehr verbreitet. In der Bankformerei hat sich vor allem der hölzerne Abschlagkasten bewährt, den man rasch und billig selbst anfertigen kann, wobei man Gestalt und Größe des Kastens weitestgehend dem Modell anpassen kann. In Verbindung mit den bekannten Leichtmetall-Reliefplatten stellt der Bankformer die kastenlose Form genau so her wie der Maschinenformer. Zum kastenlosen Formen ist daher eine Formmaschine gar nicht erforderlich. Lediglich um das Ausbringen zu steigern, verdichtet man den Sand durch Rütteln und Pressen.

55. Die amerikanischen Abschlagkästen (Abb. 103) bestehen aus Kirsch- oder Mahagoniholz. Zwei diagonal gegenüberliegende Ecken sind sehr gut verzapft.

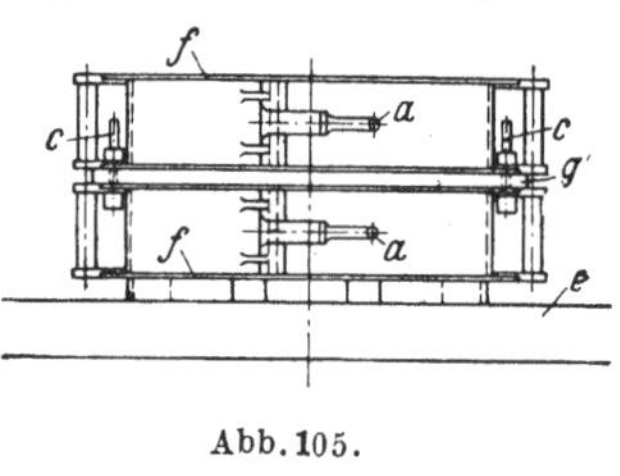

Abb. 105.

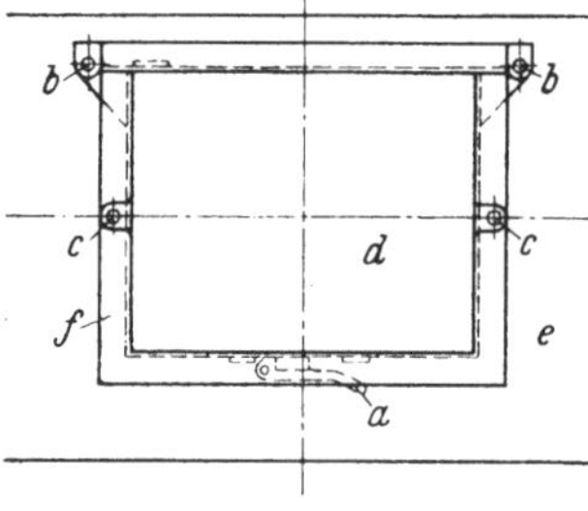

Abb. 106.

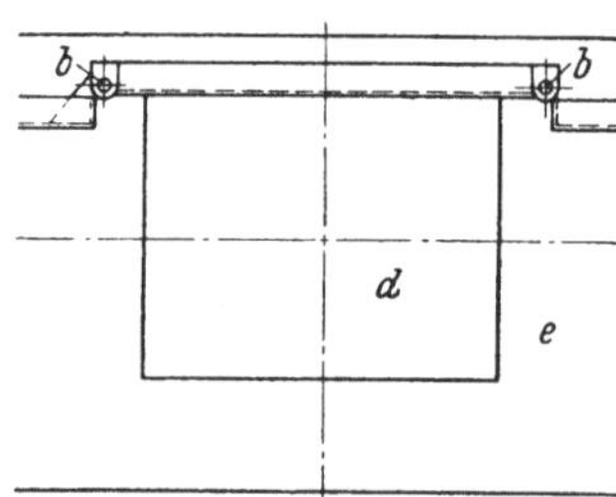

Abb. 107.

Abb. 105—107. Abschlagformkasten der Universal-Werkzeugmaschinen- u. Apparatebau G.m.b.H. Köln-E. (U.W.K.)

a = Klammerhebel; b = Scharniere; c = Führungsstifte; d = Innenfläche der Kästen; e = Arbeitstisch; f = Abschlagkästen; g = Modellplatte.

Scharniere a und Schlösser b der beiden anderen Ecken bestehen aus Temperguß. Die Kanten c sind mit Bandeisen versehen und so gegen Verschleiß geschützt. Die Kastenführungen d bestehen aus Bronze, haben W-förmiges Profil und sind nachstellbar. Nach dem Formen werden die Scharniere geöffnet und der Kasten „abgeklappt" oder „abgeschlagen".

Eine andere Kastenart ist in Abb. 104 wiedergegeben. Die 4 Wände verlaufen nach oben verjüngt, bestehen aus Leichtmetall und sind in den Ecken durch ein Sonderverfahren starr zusammengefügt. An der Unterkante des Oberkastens befinden sich die um die Drehpunkte b, c beweglichen Sandleisten a. Sie stehen während des Formens im Kasteninnern vor und ermöglichen dadurch ein Abheben des Oberkastens. Nach dem Abheben der Modellplatte und Wiederaufsetzen der oberen Kastenhälfte werden die 4 Sandleisten nach außen gezogen, so daß der gesamte Abstreifkasten von dem Sandblock abgehoben werden kann. Die Kastenführungen d bestehen aus ein oder zwei Doppelstiften am Unterkasten, mit entsprechenden nachstellbaren Lochführungen e am Oberkasten. Die Wände sind gegen den seitlichen Preßdruck durch Rippen gut versteift.

56. Die deutschen Abschlagkästen bestehen aus Leichtmetall (Abb. 105—107) und sind dreiteilig. Die 3 Teile sind miteinander durch Scharniere b drehbar verbunden, so daß sie im zusammengeklappten Zustand den Sandblock d genau wie ein gewöhnlicher Formkasten allseitig umschließen, während die Form d im aufgeklappten Zustande des Kastens ganz frei auf dem Arbeitstisch e steht und leicht abgesetzt werden kann.

Ein Ausstoßkasten ist in Abb. 108 wiedergegeben. Die 4 Wände sind starr miteinander verbunden und der fertige Sandblock wird nach oben ausgestoßen, aus

---

[1] Amerikan. kastenlose Formerei von H. ALLENDORF. Die Gießerei 1939, Heft 21, S. 524 bis 527.

welchem Grunde der Oberkasten *a* und der Unterkasten *b* in ihrer Verjüngung aufeinander abgestimmt sind. Die Führungsstifte *c* sind an den Schwenkzapfen *f* des
Unterkastens befestigt. An ihnen gleiten die Ober-
kasten- bzw. Modellplattenführungen *d* bzw. *e*.
Beide sind nachstellbar.

57. Amerikanische kastenlose Formmaschinen
sind kleine, fahrbare Rüttelpreßmaschinen wie
in Abb. 109 wiedergegeben. In dem Zylinder *a*
sind der Rüttel- und Preßkolben untergebracht.

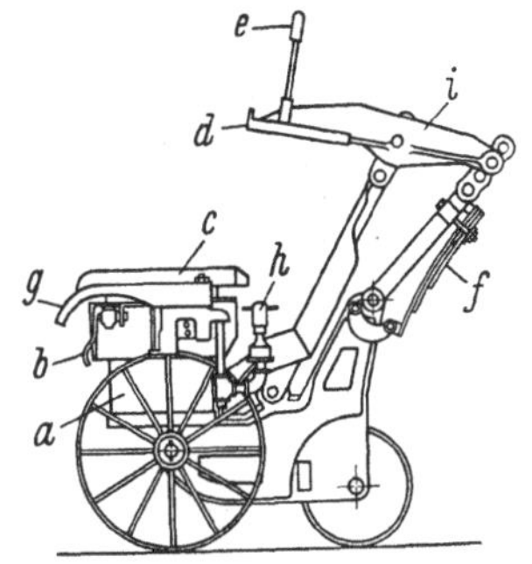

Abb. 109. Amerikan. kastenlose
Formmaschine (Ausführung:
Osborn, Cleveland).
a = Zylinder; *b* = Knieventil;
c = Tisch; *d* = Preßplatte;
e = Handhabe; *f* = Blattfeder;
g = Hebel; *h* = Überdruckventil;
i = Holm.

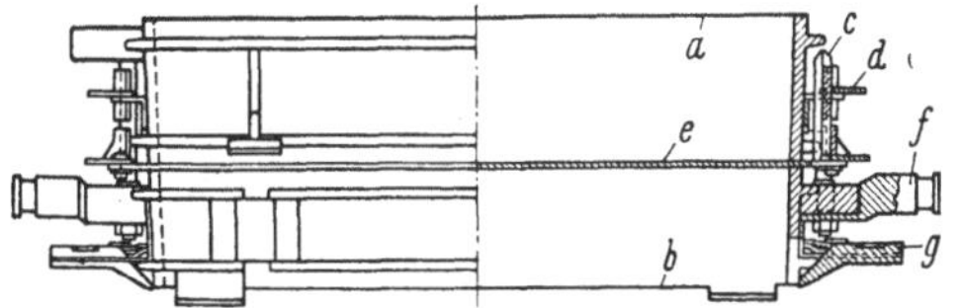

Abb. 108. Abschlagkasten der Fa. Krämer & Grebe, Wallau.
a = Oberkasten; *b* = Unterkasten; *c* = Führungsstift;
d = Oberkastenführung; *e* = Modellplatte mit Führung;
f = Schwenkzapfen; *g* = Verriegelung für Bodenrost.

Durch Niederdrücken des rechten Knieventiles *b* bewegt sich der Tisch *c*
auf und nieder. Die Preßplatte *d*, die am Holm *i* befestigt ist, wird an
der Handhabe *e* nach vorn gezogen, so daß sie mit dem Tisch genau parallel
läuft. Da sie durch die Blattfeder *f* ausgeglichen ist, läßt sie sich genau so
leicht nach vorn wie nach hinten bewegen. Der Holm *i* ist verstellbar, so daß
der Abstand der Preßplatte *d* vom Tisch *c* jeweils der Kastenhöhe angepaßt werden
kann. Ist der Formkasten fertig zum Pressen und hat man die Preßplatte nach
vorn gezogen, so drückt man den Hebel *g* nach unten, wodurch der Tisch *c* nach
oben geht und die Form preßt. Ist die erwünschte Sanddichte erreicht, so bläst
das Überdruckventil *h* hörbar ab. Ein zu festes Pressen ist demnach ausgeschlossen.
Losgeklopft wird die Modellplatte durch einen Vibrator, der an der Reliefplatte
befestigt ist und durch das linke Knieventil betätigt wird (in der Zeichnung durch
Ventil *b* verdeckt). Das Wenden des Abschlagkastens, das Abheben des Oberkastens und Entfernen der Modellplatte werden ebenso wie das Zusetzen der Form
mit Hand ausgeführt.

Die Herstellung einer Form geht wie folgt vor sich: Aufsetzen der Oberhälfte
des Abschlagkastens auf den Tisch *c*. Auflegen der Reliefplatte mit der Modell-
seite des Unterkastens nach oben. Einschieben des Unterkastens in die Führungen
der Modellplatte und des Oberkastens. Alle 3 Teile bilden jetzt ein Ganzes. Einfüllen des Sandes und Abstreichen mittels Bodenbrettes, das man auf die abge-
strichene Form legt. Durch Niederdrücken des Knieventiles *b* wird gerüttelt. Es
genügen je nach Art der Arbeit etwa 5—7 Schläge. Alsdann faßt der Former den
Kasten links und rechts an und wendet ihn über die zu diesem Zwecke abgerundete
Vorderkante des Tisches *c*. Nunmehr wird der Oberkasten mit Sand gefüllt und
mit dem Preßklotz, an dem an geeigneter Stelle der Eingußtümpel befestigt ist,
abgestrichen. Dann wird er auf den abgestrichenen Kasten gelegt. Nachdem man
die Preßplatte *d* nach vorn gezogen hat, wird gepreßt, worauf sie wieder nach hinten
gelegt wird.

Nach Abheben des Preßklotzes wird der Einguß, der durch den eingepreßten
Tümpel gekennzeichnet ist, mit einem kegeligen Rohr ausgestochen. Durch Betätigen des linken Knieventiles wird der an der Modellplatte befindliche Vibrator

betätigt. Der Oberkasten wird frei abgehoben und links auf einem an der Maschine befindlichen Arbeitsbrett abgestellt. Durch nochmaliges Betätigen des Vibrators hebt man die Modellplatte ebenfalls frei ab und lehnt sie gegen die Handhabe e. Alsdann kann der Kasten geschlossen und abgeschlagen werden. Die fertige Form wird mit dem Bodenbrett abgesetzt.

Die Maschine ist außerordentlich handlich. Dem rauhen Umgang in der Gießerei ist in jeder Beziehung Rechnung getragen, so daß die Unterhaltungskosten äußerst gering sind. Durch natürlichen Verschleiß verursachte Reparaturen können dank der einfachen Konstruktion rasch ausgeführt werden. Um eine Höchstleistung zu erzielen, stellt man die Maschine a wie in Abb. 110 auf. Sie läßt sich auf

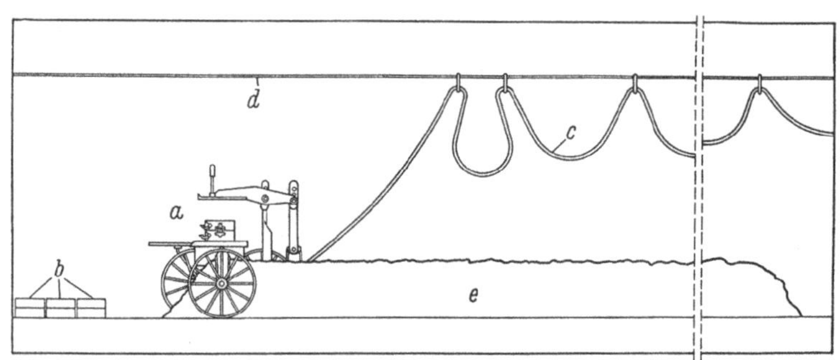

Abb. 110. Arbeitsplatz einer amerikan. kastenlosen Formmaschine.
a = Formmaschine; b = fertige Formen; c = Preßluftzuführung; d = Drahtseil; e = Formsand.

einer betonierten Fahrbahn, die etwas breiter als die Radspur ist, ohne Anstrengung vorwärtsbewegen. Der Sand liegt rechts von der Maschine in Schwadenform e. Die gießfertigen Formen b werden dicht hinter der Maschine abgesetzt, so daß der Verlust an Laufzeit sehr gering ist. In dem Maße wie der Formsand verarbeitet wird, schiebt man die Maschine vor sich her. Die Preßluft wird der Maschine durch einen Schlauch c zugeführt, der an dem Drahtseil d frei aufgehängt ist.

Die Abb. 111 läßt die vielseitige Anwendungsmöglichkeit der amerikanischen kastenlosen Formerei erkennen. Hier ist eine 3 teilige Arbeit mit 7 Anlegern gezeigt. Dadurch wird einwandfrei die vielverbreitete Ansicht·widerlegt, daß sich zum kastenlosen Formen nur einfache, flache und leichte Abgüsse eignen. Bei hohen

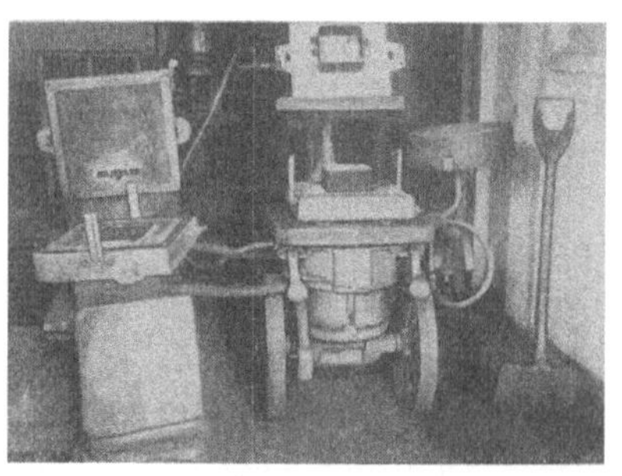

Abb. 111. Kastenlose Formmaschine nach Abb. 109 im Betrieb.

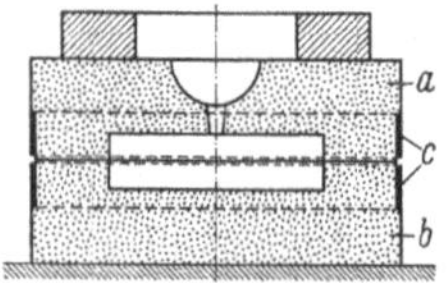

Abb. 112a. Sandblockform.
a = Oberkasten; b = Unterkasten; c = Gürtel aus Band- oder Gußeisen.

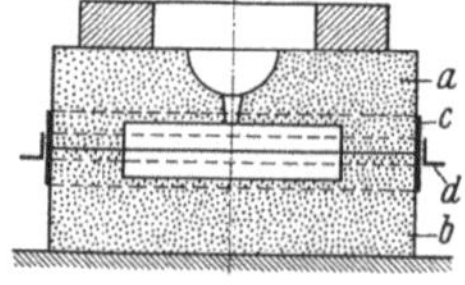

Abb. 112b. Sandblockform. a = Oberkasten; b = Unterkasten; c = Manschette; d = Verstärkung der Manschette.

Modellen, bei denen die Gefahr besteht, daß der Sandblock durch den Druck des flüssigen Eisens zerstört wird, legt man vor dem Formen schmiedeeiserne Gürtel (Abb. 112a) in die Hälften des Abschlagkastens ein oder stülpt Blechmanschetten über (Abb. 112b).

58. Deutsche kastenlose Formmaschinen unter Verwendung von Abschlagkästen arbeiten meist mit Handpressung, können aber auch mit Druckluftpressen versehen werden. Bei der ersten Gruppe wird das Pressen durch Hebelbewegung bewirkt, bei der zweiten mechanisch durch Druckluft. Zum Lockern der Modelle dienen Vibratoren, die während des Aushebens die Reliefplatte losklopfen. Beim Herstellen einer Doppelform auf der kastenlosen Handpresse wird folgendermaßen verfahren (Abb. 113): Bei seitlich ausgeschwenktem Preßholm *d* wird die geschlossene Oberkastenhälfte des Abschlagformkastens auf den Arbeitstisch *g* gestellt, die Modellplatte aufgelegt und der Unterkasten daraufgesetzt. Man füllt dann den Unterkasten mit Sand, streicht ihn ab und drückt den rostartigen Unterboden hinein

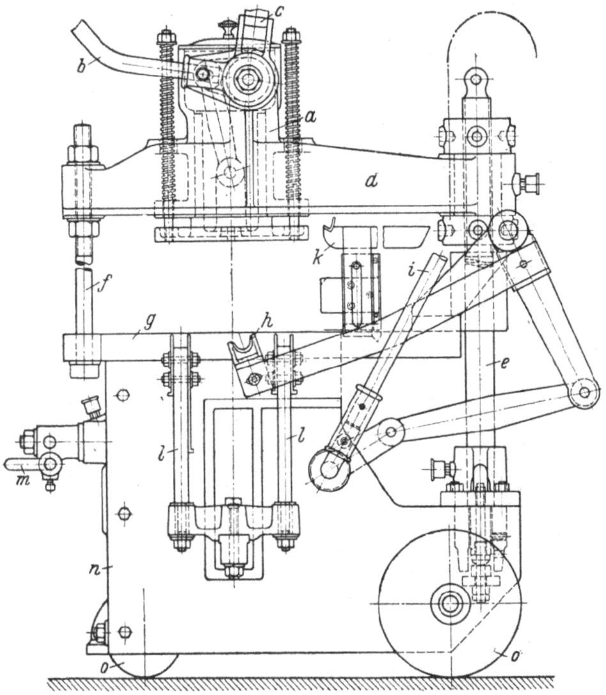

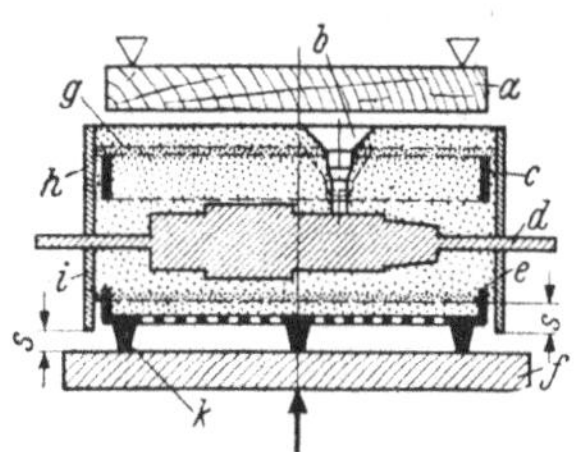

Abb. 113. Kastenlose Universalformmaschine. (U.W.K.)
a = Presse; *b* = Preßhebel; *c* = Gegengewichtshebel; *d* = Preßholm; *e* = Drehsäule; *f* = Zugstange; *g* = Arbeitstisch; *h* = Wendegestänge; *i* = Wendehebel; *k* = Oberkastenstütze; *l* = Abhebegestänge; *m* = Abhebehebel; *n* = Maschinengestell; *o* = Räder.

(Abb. 114). Nunmehr werden durch Vorziehen des Hebels *i* Oberkasten, Modellplatte und Unterkasten gehoben, gewendet und durch Wiederzurücklegen auf den Arbeitstisch *g* zurückgesenkt, so daß der gefüllte Unterkasten unten liegt und der Oberkasten unter Einlegen eines Rahmens gleichfalls mit Sand gefüllt und abgestrichen werden kann. Hierauf wird die Presse *a* eingeschwenkt und nach Einklinken der Zugstange *f*, die den Holm *d* mit dem Tisch verbindet, durch Herunterziehen des Hebels *b* die Form gepreßt. Um die Modellplatte von der Form zu lösen, wird die Presse wieder ausgeschwenkt, der Vibrator angestellt und durch Umlegen des Handhebels *m* die Abhebevorrichtung *l* nach oben bewegt, deren Stangen die Modellplatte mit daraufstehendem Oberkasten vom Unterkasten abheben. Der Oberkasten wird hierauf um etwa 90° nach hinten gedreht und vorübergehend gegen die Stütze *k* gelehnt, um die Modellplatte fortnehmen zu können. Nach Wiederumlegen auf die Abhebesäulen *l* wird der Oberkasten schließlich durch Zurücklegen

Abb. 114. Preßform mit Abschlagkasten.

a = Preßklotz (fest); *b* = Federtrichter; *c* = Rahmen; *d* = Modellplatte; *e* = Rost; *f* = Arbeitstisch (beweglich); *g* = Sandrücken gepreßt; *h* = Abschlagoberkasten; *i* = Abschlagunterkasten; *k* = rostartiger Unterboden.

des Handhebels m zwangsläufig auf den Arbeitstisch g und den dort verbliebenen Unterkasten abgesenkt. Nach Lösen der Verriegelungen werden schließlich die Abschlagkästen auseinandergeklappt und auf den hinteren Teil des Arbeitstisches g zurückgeschoben. Der Sandblock wird zum Gießen abgesetzt, der Kasten wird geschlossen und mittels Wendevorrichtung h zurückgedreht, so daß der Unterkasten wieder nach oben gelangt und abgenommen werden kann, um den nächsten Formgang zu beginnen.

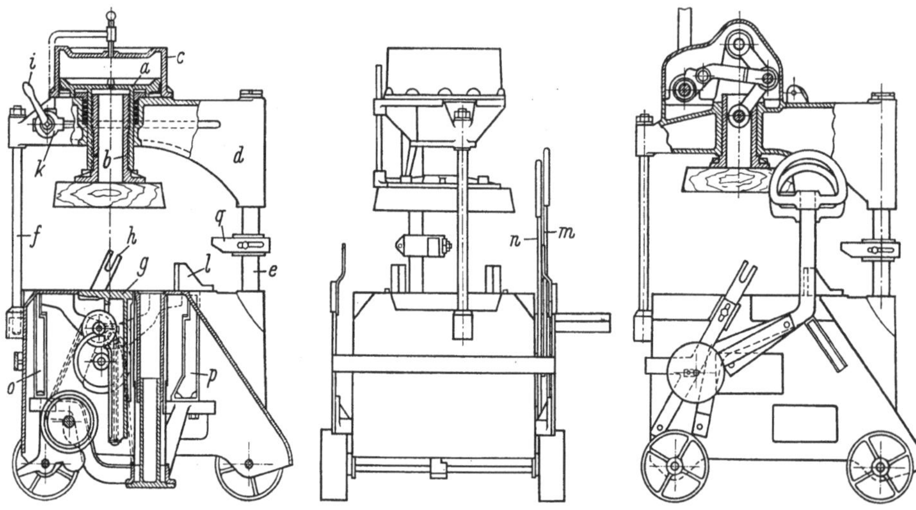

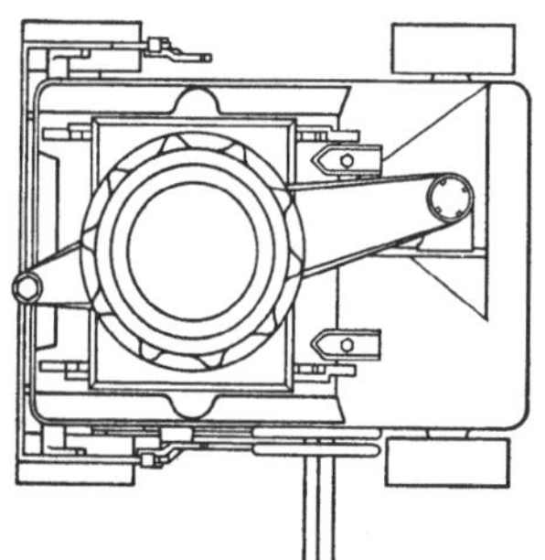

Abb. 115. Deutsche kastenlose Formmaschine. (Ausführung: K. & G.W.)
a = Preßkolben; b = Preßplatte; c = Druckluftzylinder; d = Holm;
e = Säule; f = Zugstange; g = Ausstoßtisch; h = Umrollvorrichtung;
i = Hebel; k = Steuerventil; l = Anschlag; m u. n = Hebel; o, p
u. q = Stützen.

An den Seiten der Formmaschine können rechts ein Modellsandbehälter und links ein Ablegetisch mit Anwärmvorrichtung für die Modellplatte angebracht werden.

Bei der in Abb. 115 gezeigten kastenlosen Formmaschine arbeitet man mit dem in Abschnitt 56 beschriebenen Abschlag- oder Ausstoßkasten. Der Preßkolben a führt in dem Druckzylinder c und trägt an seinem Schaftende die Preßplatte b. Beim Herstellen einer Form verfährt man wie folgt: Der Holm d wird um die Säule e ausgeschwenkt. Der Ausstoßkasten mit Modellplatte liegt mit seinen Schwenkzapfen f (siehe Abb. 108) in der Aussparung der Umrollvorrichtung h. Nach Auffüllen des Sandes wird ein Bodenrost in den Unterkasten gedrückt und mittels der Verriegelung g gesichert (siehe Abb. 108). Alsdann wird die Umrollvorrichtung nach vorn gezogen und der Formkasten gewendet, so daß der Oberkasten oben liegt. Nach dem Zurückschwenken liegt der Formkasten an dem Anschlag l an. Nachdem der Oberkasten mit Sand gefüllt worden ist, öffnet man das Steuerventil k mittels des Hebels i, wodurch der Kolben a den Sand verdichtet. Danach wird der Preßholm zurückgeschwenkt und der Hebel m nach vorn gezogen. Dadurch gehen die Stützen o und p hoch und heben Modellplatte und Oberkasten ab. Der Oberkasten wird um seine hintere Kante hochgeklappt und bleibt auf der Stütze q stehen. Nun wird die Modellplatte entfernt und der Oberkasten wieder zurückgeklappt. Nachdem der Hebel *m* wieder zurückgelegt worden ist, wodurch die 4 Stützen *o* und *p* ebenfalls zurückgehen, liegt der Oberkasten unmittelbar auf dem Unterkasten. Jetzt kann die fertige Form ausgestoßen werden. Zu diesem Zwecke legt man den Hebel *n* nach vorn. Dadurch geht der Ausstoßtisch *g* nach oben und drückt die fertige Form aus.

59. Rohrstampfmaschinen. Die Verdichtung des Sandes mit Stampfmaschinen kommt nur in Frage, wenn es sich um zylindrische Formen handelt, die im Verhältnis zu ihrem Durchmesser sehr lang sind, und bei denen die Dicke der Sandschicht zwischen Kastenwand und Modell nicht groß ist. Diese Voraussetzungen treffen bei Rohrformen zu. Nur bei ihnen ist es möglich, die Form aufzustampfen, ohne die Stampfer seitlich zur Stampfrichtung bewegen zu müssen bzw. die Formen unter ihnen vorbeilaufen zu lassen, was nur bei kleinen, niedrigen überhaupt Erfolg verspricht. Bei solchen kommt man aber mit dem Pressen einfacher und schneller zum Ziel. In den Rohrgießereien werden die Rohrformen entweder am Umfang eines sich karussellartig drehenden runden Tisches oder nebeneinander am Rande einer Bühne mit den Muffenenden nach unten aufgehängt.

Die Stampfmaschine Abb. 116 kann Formen für Rohre von 40—300 mm l. W. verdichten. Beim Arbeiten mit Drehgestell, was schon mit Rücksicht auf seinen geringen Raumbedarf am häufigsten angewendet wird, ist sie mittels Konsolausleger *w* so um eine Drehsäule schwenkbar eingerichtet, während sie beim Reihensystem auf einem über den Formkästen laufenden Fahrgestell angeordnet wird. Sie besteht hauptsächlich aus der in etwa 30 min auswechselbaren Stampfergruppe *h* mit den Stampferstangen *k*, der Stampferkupplung *g* und den Maschinenteilen zum Auf- und Abbewegen der Stampfer sowie zum Schwenken der ganzen Maschine. Jede Stampfergruppe ist für mehrere Rohrdurchmesser verwendbar, z. B. eine für 40—60, die nächste für 70—100 mm l. W. usf. Über ein Rädervorgelege *a*, *b* treibt der Elektromotor die Excenterwelle *c*, die mit der Stampferkupplung *g* verbunden ist, wodurch die Stampfer *h* auf- und abbewegt werden. Dadurch wird der Sand zwischen Formkastenwand und Modell festgestampft. Die Kupplung *g* ist so gebaut, daß die Stampfer in ihr rutschen, wenn die gestampfte Sandschicht fest

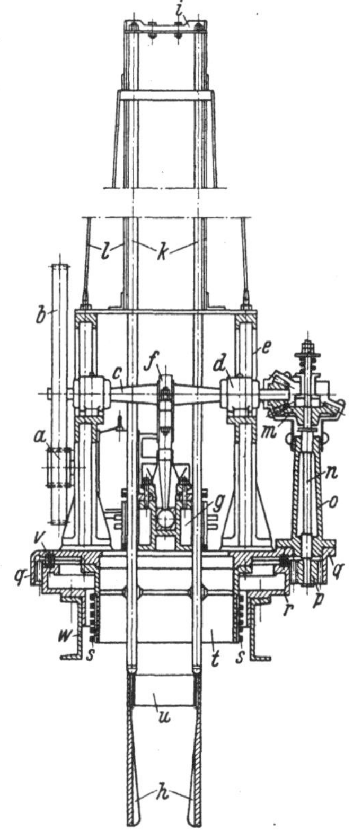

Abb. 116. Rohrstampfformmaschine. (Ausführung: Ardelt-Werke G. m. b. H., Eberswalde.)

a = Motorritzel; *b* = Stirnrad; *c* = Exzenterwelle; *d* = Ringschmierlager; *e* = Ständer; *f* = Kugelstange mit Exzenter; *g* = Kupplung mit Regulierspindel; *h* = Stampferfüße; *i* = Stampferstangenführung; *k* = Stampferstangen; *l* = Stampfergerüst; *m* = Kegelräder; *n* = Welle; *o* = Lagersäule; *p* = Ritzel; *q* = Bodenplatte (Oberteil); *r* = Bodenplatte (Unterteil); *s* = Schleifringe; *t* = Gußkörper (für Schleifringe); *u* = Stampferfußring; *v* = Kugellager; *w* = Ausleger.

genug ist. Durch dieses Gleiten der Stampferstangen *h* bei genügend fester Sandschicht steigen die Stampfer *h* nach und nach in die Höhe, bis die Rohrform ganz vollgestampft ist. Der Stampferfuß besteht aus kräftigen Federstahlteilen, die durch einen Ring *u* fest miteinander verbunden sind. Er ist an den Stampferstangen *k*, die in besonderen Führungen *i* laufen, befestigt. Gleichzeitig mit der Stampferbewegung dreht sich die ganze Maschine um ihre senkrechte Achse, indem der auf der drehbaren Bodenplatte q stehende Motor über die Exzenterwelle c mittels der Kegelräder m, der senkrechten Welle o und des Ritzels p, das in die Außenverzahnung der festen Bodenplatte r eingreift, die Bodenplatte q in langsame Umdrehungen versetzt. Diese Drehbewegung bewirkt eine gleichmäßige Sandverdichtung in der Form.

Die Muffenform am unteren Ende der Rohrformen wird für sich besonders hergestellt und an ihnen festgeschraubt. Das meist aus Gußeisen bestehende Rohrschaftmodell wird nach dem Feststampfen der Form mittels Kran nach oben herausgezogen und dann der auf einer Kerndrehbank angefertigte zylindrische Lehmkern von oben in die Form gesenkt.

III. Maschinen zum Herstellen der Kerne.

In dem Maße wie die Maschinenformerei entwickelt und vervollkommnet wurde, mußte an die Mechanisierung der Kernherstellung gedacht werden. Eine neuzeitliche Maschinenformerei verlangt bei der heutigen Rationalisierung große Stückzahlen an Kernen, die — zumal bei Fließbandbetrieb — keinerlei Nacharbeit erfahren dürfen. Eine solche Maßhaltigkeit setzt einwandfreie, formgerechte Kernkästen aus Holz, Metall oder Eisen voraus. Sie entsprechen den Modellplatten für die Formmaschinen. Auch bei den Kernformmaschinen ergeben sich die verschiedenen oben behandelten Gruppen, wozu seit einigen Jahren noch die der Kernbläser hinzugekommen ist, bei denen, wie der Name sagt, der Kernsand durch Druckluft in die Kernbüchsen hineingeblasen wird.

A. Verdichten des Sandes mit Hand.

60. Ausdrückmaschinen dienen der Herstellung kleinerer Kerne von bestimmter einstellbarer Länge prismatischen oder auch zylindrischen Querschnittes. Die verschiedenen Kernbüchsen b (Abb. 117) werden in die gußeiserne Tischplatte a eingehängt, die durch eiserne Säulen mit der Grundplatte verbunden ist, und darin mit Bajonettverschluß befestigt. Unten werden sie durch Kolben c gleicher Querschnittsform abgeschlossen, die durch das Hubgestänge d angehoben werden können. Aus dem vorn offenen Behälter e wird der Kernsand in die Büchsen b gefüllt, festgestampft und

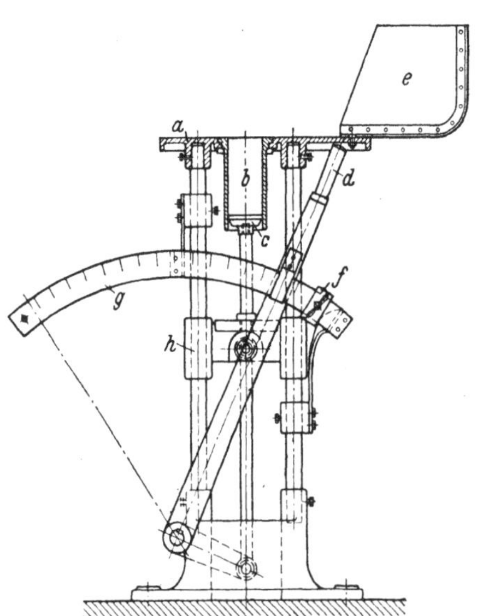

Abb. 117. Ausdrückmaschine für zylindrische Kerne. a = Arbeitstisch; b = Kernbüchse; c = Kolben; d = Ausdrückhebel; e = Sandbehälter; f = Stellschieber; g = Gradbogen; h = Geradführung.

abgestrichen. Darauf wird Luft gestochen und nach Einlegen eines Kerneisens durch Vorziehen des Hebels d der Kern herausgedrückt. Vor dem Aufstampfen stellt man die jeweils gewünschte Kernlänge durch entsprechende Höhenlage des Ausdrückkolbens c ein, indem man den Hebel d gegen den Einstellschieber f zum Anschlag bringt, der auf dem Gradbogen g an der Stelle festge schraubt wird, die zu der erforderlichen Tiefstellung des Kolbens c gehört. Die Kernlänge darf nicht größer als der vier- bis fünffache Durchmesser sein, sonst wird beim Ausdrücken die Sandverdichtung im unteren Kernteil zu groß, was Anlaß zu Ausschuß geben kann. Sollen daher längere Kerne auf solchen Maschinen geformt werden, so müssen die Büchsen geteilt und in eine Hilfsbüchse eingesetzt werden, in der sie mittels Federn zusammengedrückt werden, die bei einer gewissen Druckgröße etwas nachgeben, beim Heruntergehen des Kolbens aber die Kernbüchsenhälften wieder zum Schluß bringen.

61. Abziehmaschinen. Zum Herstellen bauchiger Kerne, die besonders in der Topfformerei viel benötigt werden, und massiger mit unterschnittenen Teilen für die Achslager von Eisenbahnfahrzeugen werden Maschinen verwendet, die ein seitliches Abziehen der beiden Kernbüchsenhälften in einfacher Weise ermöglichen. Die Einrichtung wird auf eine Wendeplatte gesetzt (Abb. 118). Nach Zusammenschrauben der beiden Kernbüchsenhälften a wird gewendet, so daß die Öffnung der Büchse nach oben liegt. Hierauf wird der Kern gestampft, wobei nötigenfalls Kerneisen eingelegt werden. Nach dem Luftstechen und Glattstreichen der Sandoberfläche wird der Kern wieder in die skizzierte Lage gebracht. Durch Drehen an der Kurbel f werden mittels der rechts- und linksgängigen Schraubenspindel d durch die mit den Kernbüchsenhälften a verbundenen Muttern e die

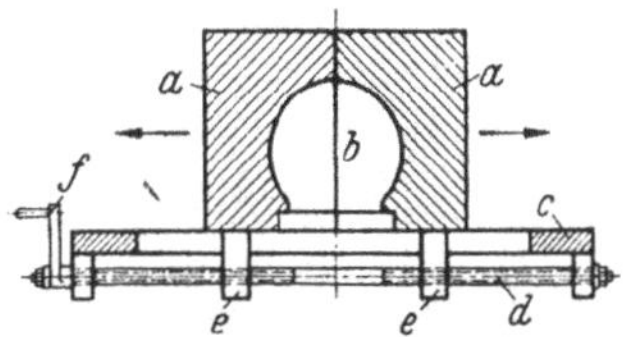

Abb. 118. Abziehkernformmaschine.

a = Kernbüchsenhälften; b = Kern;
c = Wendeplatte; d = Schraubspindel;
e = Muttern; f = Kurbel.

Büchsen von dem auf der Platte c stehenbleibenden Kern seitlich abgezogen. An Stelle des Abziehens kann man auch die beiden Kastenhälften scharnierartig miteinander verbinden und vom Kern abklappen.

Sehr gut eignet sich die Wendeformmaschine für die Herstellung von Kernen. Dabei werden die Kernkastenhälften in die Wendeplatte eingebaut. Nach Anfertigen des Kernes mit Formsand entfernt man eine Kernkastenhälfte, setzt die auf einer Formmaschine hergestellte Form des Unterkastens auf, verklammert und wendet. Nach Lösen der Kastenverklammerung liegt der grüne Kern in dem Unterkasten der fertigen Form. Das Grünkernverfahren eignet sich sehr gut für Ballen- und Gehäusekerne, spart den Kernbinder, das Trocknen des Kernes und den Transport von der Kernmacherei zur Formmaschine. Es erleichtert die Putzarbeit und liefert sehr saubere Abgüsse. Man stellt die zu diesem Verfahren erforderliche Wendeplattenmaschine in der Nähe der Formmaschine auf.

62. Die Vibratormaschine gestattet die Verwendung ungeteilter Kernkästen

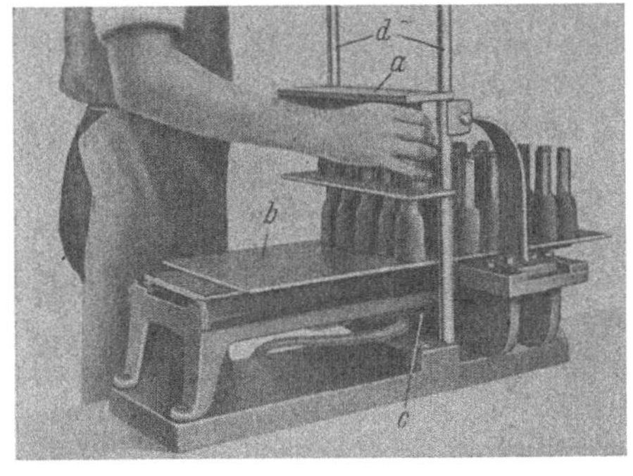

Abb. 119. Vibratormaschine (Ausführung: Skeppstedt, Moline) zum Losklopfen der Kerne aus dem Kernkasten.

a = Kernbüchse; b = Kernplatte; c = Vibrator;
d = Gleitstangen.

und ergibt äußerst maßhaltige Kerne, da man mit der geringsten Verjüngung der Kernbüchse auskommt. Wie Abb. 119 zeigt, enthält eine Kernbüchse mehrere gleichartige Kernformen. Sie werden mit Kernsand gefüllt und mit Hand nachgestampft. Nach dem Abstreichen des Sandes setzt man die Kernbüchse a auf die Trockenplatte b, öffnet das Knieventil (in der Abb. nicht zu sehen), wodurch der Vibrator c die Gleitstangen d in Schwingung versetzt. Während des Vibrierens schiebt man an den Gleitstangen d die Kernbüchse a hoch. Dabei bleiben die

Kerne auf der Trockenplatte *b* stehen. Diese kann zwischen den 2 Gleitstangen hindurchgeschoben werden. Wenn voll besetzt, wird sie zum Trocknen gebracht.

Das Loslösen und Entfernen der Kerne aus der Kernbüchse mittels Vibrator schont die Kernbüchsen außerordentlich. Man kann Metall- und Eisenkernkästen verwenden. Um den Kernkasten genau senkrecht hochführen zu können, versieht man seinen unteren und oberen Flansch im Abstand der beiden Gleitstangen mit halbrunden Aussparungen.

B. Maschinen mit mechanischer Kernsandverdichtung.

63. Stopfmaschinen. Zylindrische Kerne kleinerer und mittlerer Durchmesser werden in großen Mengen zum Aussparen von Nabenlöchern, Schraubenlöchern u. a. m. gebraucht. Zu ihrer Herstellung werden Maschinen nach Art der WADS-WORTH'schen Kernstopfmaschine (Abb. 120) verwendet. Der in dem Trichter *c* auf-gegebene Kernsand fällt in das Gehäuse *f*, in dem sich eine Schnecke *b* dreht. Sie drückt den Sand zusammen und preßt ihn durch die auswechselbare Hülse *a*, aus der der Kern als zylindrische Stange austritt. Die noch nassen Kerne schieben sich auf ein Wellblech, wo sie liegen bleiben, bis sie getrocknet sind. Der Ver-längerungsstift *g* erzeugt im Kern eine feine Bohrung zum Ableiten der Gieß-gase. Die Schnecke *b* wird über eine Stirnradübersetzung *e* mittels des Hand-rades *d* gedreht, das auch bei größeren Ausführungen durch eine Riemenscheibe ersetzt werden kann. Um Verstopfungen

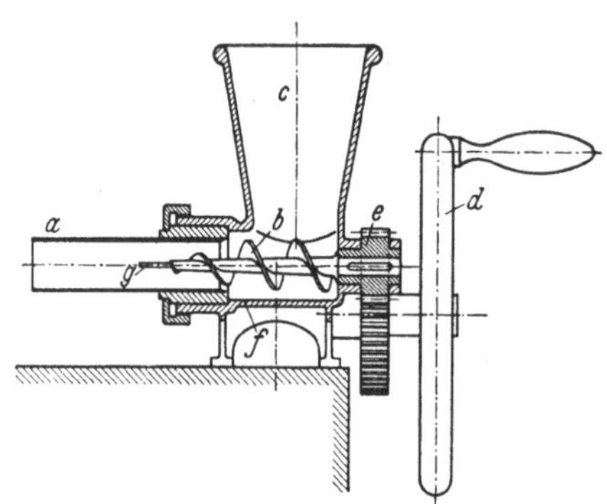

Abb. 120. WADSWORTH-Kernstopfmaschine.
a = Hülse; *b* = Schnecke; *c* = Trichter; *d* = Hand-rad; *e* = Übersetzung; *f* = Gehäuse; *g* = Stift.

im Fülltrichter *c* zu vermeiden, kann ein Rührwerk mit senkrechter Achse einge-baut werden, das überdies, da es von der Schneckenwelle aus angetrieben wird, die gleichmäßige Verdichtung des Kernsandes fördert. Der auf dem Wellblech liegende Kernstrang wird am besten noch im feuchten Zustand auf die gewünschte Länge durchschnitten.

Die Schnecken nutzen sich schnell ab; deshalb verwendet ROLFF bei seiner Stopfmaschine an ihrer Stelle einen hohlen Stoßkolben, durch den eine Nadel zur Bildung des Luftkanals im Kern hindurchgeht. Vor dem Kolben läuft im Ge-häuse ein Mischflügel zum Auflockern des Sandes um.

64. Kernpreßmaschinen. Zum Pressen kleinerer Kerne werden eiserne Kern-formplatten benutzt, die eine Anzahl Kernhohlmodelle enthalten. Die untere Kern-platte ist auf dem Arbeitstisch befestigt, die obere an der Preßplatte des Holmes, ähnlich wie bei dem Verfahren mit Doppelpressung bei Stapelgußformen. Es wird allgemein nach dem KNÜTTEL'schen Verfahren gearbeitet, das einen hölzernen Sand-füllrahmen verwendet und nach Abb. 121—126 arbeitet. Zunächst wird das Füll-brett, in das die Umrisse der Kerne eingearbeitet sind, auf die untere Kernform-platte gelegt, mit Sand gefüllt und abgestrichen (Abb. 121). Hierauf wird der Rah-men abgehoben und der über die Formplatte herausragende Sandteil von trapez-förmigem Querschnitt bleibt stehen (Abb. 122). Höhe des Füllrahmens und Nei-gung der Seitenflächen sind so bemessen, daß die eingebrachte Sandmenge nach dem Pressen den Kernhohlraum ausfüllt. Nunmehr wird der Kern zwischen den beiden Kernformplatten (Abb. 123) gepreßt. Überschüssiger Sand wird dabei in die kleine, dem Kernumriß folgende Rinne gedrückt. Nach Entfernen der oberen

Platte bleibt der Kern in der unteren liegen (Abb. 124). Um ihn herauszuheben, setzt man einen Holzrahmen auf, den man mit trocknem Sand füllt und mit einem Blech abdeckt (Abb. 125). Schließlich wird die untere Formplatte mit daraufliegendem Kernbett um 180° gedreht und der Kern auf letzterem zum Trocknen abgesetzt (Abb. 126).

Die Kernbetten aus Sand kann man durch leichte gußeiserne Kernschalen von etwa 3 mm Wandstärke ersetzen, die seitlich Lappen mit Führungslöchern tragen. Diese Schalen legt man mit den Führungslöchern auf die Dübelseite des Kernkastens, wendet um 180° und hebt die Kernkastenhälfte ab. Der Kern liegt in der Kernschale und wird getrocknet. Eiserne Kernschalen machen sich vor allem bei großen Stückzahlen bezahlt. Man erhält sehr saubere Kerne, die nach dem Trocknen nicht geputzt werden brauchen. Außerdem haben sie wegen der besseren Wärmeleitfähigkeit eine raschere Trocknung zur Folge. Die lästige Staubentwicklung fällt fort.

Zur Durchführung des beschriebenen Verfahrens werden Wendeplattenpressen besonderer Bauart verwendet (Abb. 127). Nach dem Sandeinfüllen in die auf der Wendeplatte *e* befestigte untere Kernformplatte *f* mit Hilfe des

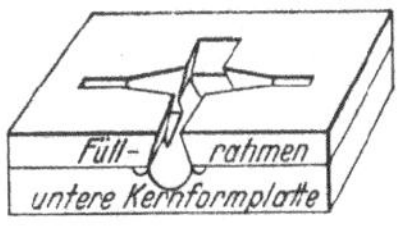

Abb. 121. Aufsetzen des Füllrahmens und Sand aufgeben.

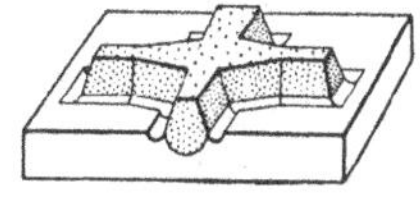

Abb. 122. Abnehmen des Füllrahmens.

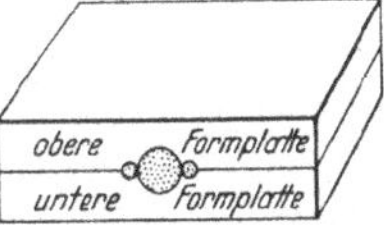

Abb. 123. Pressen.

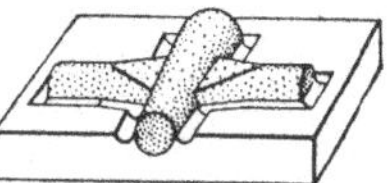

Abb. 124. Abheben der oberen Formplatte

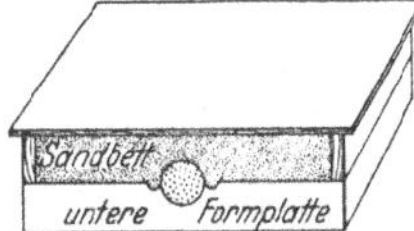

Abb. 125. Aufbringen des Kernbett.

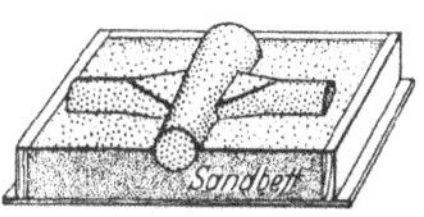

Abb. 126. Wenden, Kern auf Sandbett liegend.

Abb. 121—126. Arbeitsweise des KNÜTTELschen Kernpreßverfahrens.

Füllrahmens wird der Preßholm *a* vorgezogen und durch Betätigung des Handhebels *c* gepreßt. Bei wieder zurückgeschobenem Holm wird dann der Gewichtshebel *b* umgelegt, wodurch die Wendeplattenlager hochgehen. Mit aufgelegtem Kernbett wird alsdann gewendet und wieder auf den Arbeitstisch *h* abgesenkt. Durch nochmaliges Wenden wird dann die untere Kernformplatte von den auf dem Bett liegengebliebenen Kernen abgehoben. Die Kerne werden nach vorn unter der Wendeplatte herausgezogen und abgesetzt. Nach Zurückwenden und Wiederabsenken der Wendeplatte kann mit dem Einformen der nächsten Kerngruppe begonnen werden. Solche Pressen kann man auch mit Preßluft betreiben.

65. Die Tabor-Rüttelformmaschine mit Wende- und Absenkeinrichtung (Abb. 128) gestattet das Verdichten des Sandes durch Rütteln mit anschließendem Handstampfen und ist für ungeteilte und geteilte Kerne geeignet, die nach dem Trocknen zusammengeklebt werden. Der Kernkasten wird auf dem Wenderahmen *a* befestigt und mit Sand gefüllt. Durch Öffnen eines Knieventiles (nicht gezeichnet) wird der im Rüttelzylinder *b* befindliche Kolben *c* in Bewegung gesetzt. Die Rüttelbewegung wird auf den Tisch *d* und den Wenderahmen *a* übertragen. Nach dem Rütteln wird mit Hand nachgestampft, der Sand abgestrichen, eine Kernplatte aufgelegt und mittels Bügel *e* festgeklemmt. Danach wird der Wenderahmen um 180° gewendet, indem man ihn an der Handhabe *f* anfaßt. Da der Rahmen mit Kernkasten und Kernplatte gut ausgewuchtet ist, läßt sich das Wenden mit Leichtigkeit ausführen. Der Ablegetisch *g* ist verstellbar und wird unter gleichzeitiger Betätigung der Nivelliervorrichtung in Berührung mit der Trockenplatte gebracht. Dieses Einstellen ist nur bei der Herstellung des ersten Kernes vorzunehmen. Durch Niederdrücken des Klemmhebels h wird der Ablegetisch fest an die Kernplatte gedrückt. Nach Lösen des Bügels e wird nun der Kern auf der Trockenplatte durch Niederdrücken eines Hebels unter gleichzeitigem Einschalten des Vibrators i abgesenkt. Diese Maschine ist auch für die Herstellung von Formen geeignet.

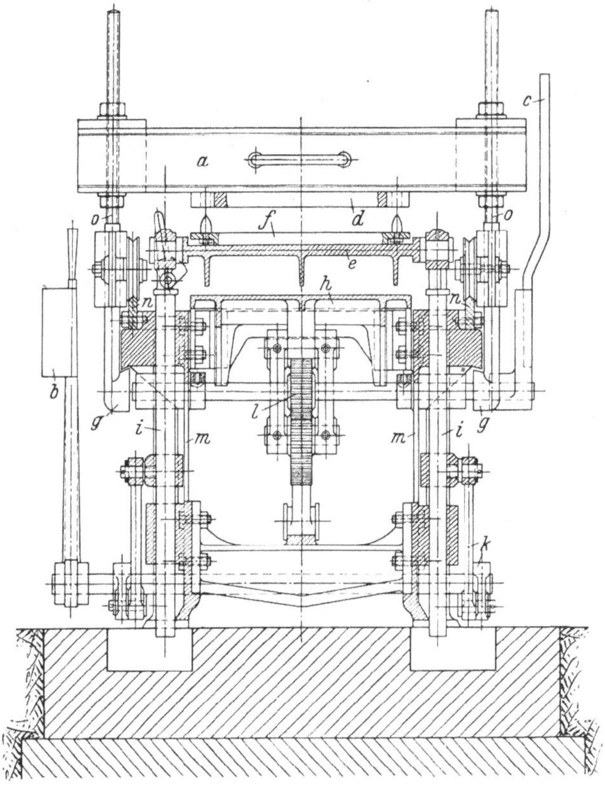

66. Kernrüttelmaschinen. Jeder Rüttler kann auch zum Herstellen von Kernen benutzt werden, wenn man statt der Modellplatte einen Kernkasten auf den Rütteltisch bringt. Bei liegend gerüttelten Kernen ist meist keine besondere Befestigung der Kernbüchsen auf dem Rütteltisch erforderlich, wohl aber bei stehend gerüttelten (Abb. 129). Sie werden zwischen eine Spannvorrichtung geklemmt, die statt durch Schraubspindeln auch durch kleine Preßluftkolben betätigt werden kann. Der auf dem Rütteltisch befestigte Kernkasten wird mit Kernmasse gefüllt, wobei die Kerneisen eingelegt werden, und dann einige Sekunden gerüttelt. Nach

Abb. 127. Kernformpresse. (BMD.)

a = Ausfahrbarer Preßholm; b = Wendeplattenhebel; c = Preßhebel; d = Obere Kernmodellplatte; e = Wendeplatte; f = Untere Kernmodellplatte; g = Nasen für die Zugstangen o; h = Arbeitstisch; i = Wendeplattenstützstangen; k = Hubmechanismus für i; l = Hubmechanismus für h; m = Führungen für h; n = Laufschienen für a; o = Zugstangen.

dem Verdichten der Masse setzt man einen unter dem Rütteltisch sitzenden Vibrator in Tätigkeit, dessen Erschütterungen den Kern von der inneren Kastenwand lösen, so daß nach Lockern der Spannvorrichtung der Kern durch seitliches Abziehen der Kernbüchsenhälften leicht freigelegt und in bekannter Weise weiterbehandelt werden kann.

Kleinrüttler ohne Wende- und Abhebevorrichtung werden auch reihenweise in die Kernbänke eingebaut. Sie liegen so in handlicher Höhe und sind bequem zu bedienen. Der Hauptschnitt durch einen Kernrüttler (Abb. 130) zeigt eine einfache Bauart (auch mit Luftspannvorrichtung ausführbar). Bemerkenswert ist die Sparventilsteuerung, mit deren Hilfe die Menge der eintretenden Druckluft und damit der Rüttelhub der zu hebenden Nutzlast angepaßt werden kann. Zu diesem Zweck wird das gezahnte Handrad h entsprechend eingestellt und durch eine Blattfeder i in seiner Stellung festgehalten. Dadurch erhält der Steuerbolzen k eine bestimmte Höhenlage, von der wiederum die Dauer der Öffnung des Luftein- und -auslasses abhängt.

C. Kernblasmaschinen.

Die erste brauchbare Blasmaschine wurde von Demmler & Brothers, Kewanee, Illinois USA, gebaut, die Mitte der 20er Jahre auch in deutschen Gießereien eingeführt wurde.

Es handelt sich beim Kernblasen um zwei grundsätzlich verschiedene Verfahren. Bei dem einen wird jedes Sandkorn von Druckluft umgeben. Dieses Sand-Druckluft-Gemisch, das durch die Luftexpansion beschleunigt wird, füllt

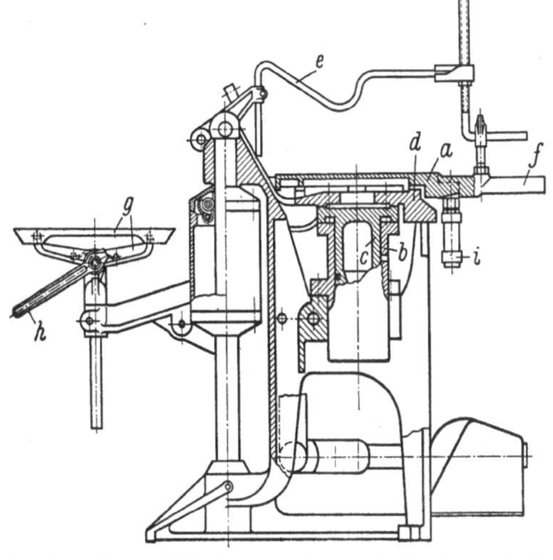

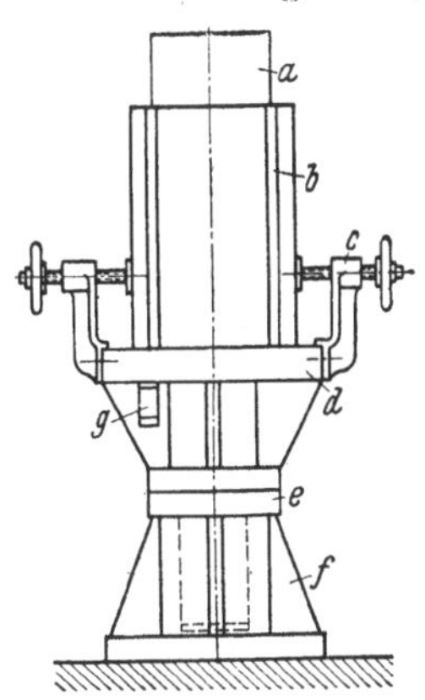

Abb. 129. Befestigung der Kernbüchse auf dem Rüttler.

a = Sandfüllrahmen; *b* = Kernbüchse; *c* = Spannvorrichtung; *d* = Rütteltisch; *e* = Stoßfläche; *f* = Rüttler; *g* = Vibrator.

Abb. 128. TABOR-Rüttelformmaschine mit Wende- und Absenkeinrichtung (G.W.F.)

a = Wenderahmen; *b* = Rüttelzylinder; *c* = Kolben; *d* = Tisch; *e* = Bügel; *f* = Handhabe; *g* = Ablegetisch; *h* = Klemmhebel; *i* = Vibrator.

die Kernbüchse aus. Diese Art von Kernbläsern ist durch eine senkrechte Hauptachse gekennzeichnet. Bei dem zweiten Verfahren schiebt die Druckluft eine Sandsäule mit großer Geschwindigkeit schußartig vor sich her in die Kernbüchse, die also selbst nahezu drucklos bleibt. Solche Kernbläser sind an der waagerechten Lage der Hauptachse zu erkennen.

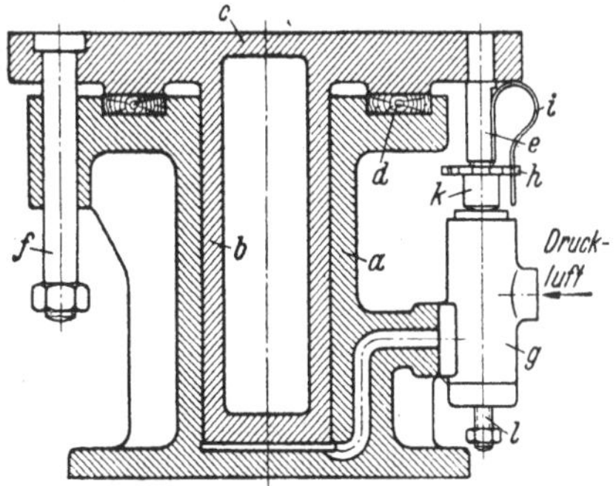

Abb. 130. Kern-Rüttler. (G.Z.R.)

a = Rüttelzylinder; *b* = Rüttelkolben; *c* = Rütteltisch; *d* = Stoßfläche; *e* = Steuerstange; *f* = Führungsstange; *g* = Steuerkolbenventil; *h* = Einstellrad; *i* = Sperrfeder; *k* = Steuerbolzen; *l* = Schieberkolbenstange.

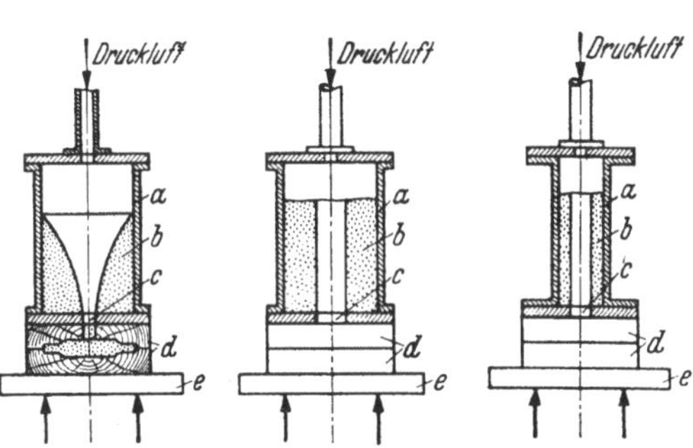

Abb. 131—133. Blasvorgang bei lockerem und klebendem Kernsand.

a = Druckbehälter; *b* = Sand; *c* = Blasdüse; *d* = Kernbüchse; *e* = Arbeitstisch.

67. Der Blasvorgang. Die Betrachtung des durch die Sandart bedingten Blasvorganges zeigt, daß er bei den Schalenkernen am einfachsten ist (Abb. 131—133). Die oben in den Druckbehälter eintretende Preßluft von 6 atü sucht sich einen Kanal durch den Sandinhalt zu drücken, dessen Durchmesser etwa dem der Blasdüse gleich ist. Da der Sand nun aber keine Klebkraft besitzt, so rutscht er leicht (Abb. 131) nach der Düse zu in die Kernbüchse, die von unten durch eine Spannvorrichtung mittels des Arbeitstisches gegen die Blasdüsenplatte gedrückt wird.

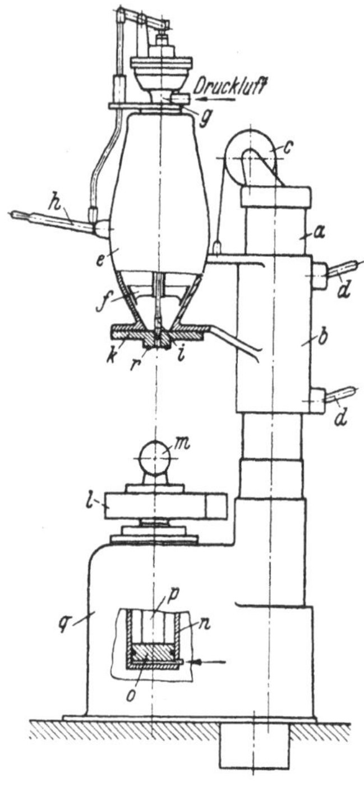

Abb. 134.   Kernblasmaschine Kernhexe. (G.Z.R.)

a = Hohlsäule; b = Führungsnabe; c = Gegengewichtsrolle; d = Klemmvorrichtungen; e = Sandbehälter; f = Kratzerflügel; g = Einlaßventil; h = Betätigungshebel; i = Blasventil; k = Flansch mit Blasloch; l = Arbeitstisch; m = Klemmvorrichtung; n = Druckluftzylinder; o = Druckkolben; p = Kolbenstange; q = Hohlgußuntergestell; r = Gummidichtung.

Hieraus erklärt sich, daß Ölsand für liegende Kerne am leichtesten zu blasen ist. Beim Blasen plastischer Sandmischungen dagegen entsteht ein Hohlkanal zur Blasdüse, und der plastische Sand rutscht nicht mehr nach. Es bleibt im Druckbehälter vielmehr ein senkrechter Kanal stehen (Abb. 132), und es besteht die Gefahr von Luftschüssen. Um den Ringmantel aus Sand zu zerstören, hat man Rührwerke in dem Druckbehälter eingebaut, die besonders angetrieben werden. Man hat daher den Behälter doppelwandig gemacht, den Innenmantel siebartig durchbohrt und bläst Druckluft von dem hohlen Mantel aus durch diese Löcher in den Innenraum, wodurch der Kanal ebenfalls zum Einstürzen gebracht wird.

Bei gleichen Lufteintritts- und Blasdüsendurchmessern wie bei den beiden vorigen Anordnungen hat der Sandringmantel eine viel geringere Wandstärke, wenn man den Behälterdurchmesser verkleinert (Abb. 133). Je kleiner er im Verhältnis zum Blasdurchmesser ist, desto günstiger ist der Wirkungsgrad des Sandbehälters. Diese Maßnahme kann aber schon deshalb nicht getroffen werden, weil sie zu kleine Sandfüllungen ergibt. Es bleibt eben beim Blasen stehender Kerne weiter nichts übrig als Rührwerke einzubauen, die übrigens auch nicht ohne Einfluß auf die Beschaffenheit des Sandes sind, oder durch besondere Druckluftführung dafür zu sorgen, daß nach jedem Schuß der entstandene Kanal wieder beseitigt wird. Auch eine Erweiterung des Behälters nach unten zu kann das Entstehen eines Sandringmantels nicht verhindern.

68. Bauformen der senkrechten Kernbläser. Die „Kernhexe“ Abb. 134 besteht aus einem Hohlgußgestell q mit seitlich angegossener Hohlsäule a, auf der mittels Nabenführung b der Sandbehälter e in seiner Höhenlage entsprechend der Höhe des Kernkastens einstellbar ist. Sein Gewicht ist durch ein Gegengewicht ausgeglichen, das an einem über die Rolle c geführten Seil im Innern der Säule a hängt. Durch Klemmvorrichtungen d kann der Behälter e in der jeweils erforderlichen Höhenlage festgehalten werden. Nach Einklemmen der Kernbüchse zwischen die auf dem Arbeitstisch l befestigte, durch Druckluft betätigte Klemmvorrichtung m wird Druckluft in den Preßzylinder n unter den Kolben o gelassen, der hochgeht und mit der den Arbeitstisch l tragenden Kolbenstange p die Kernbüchse fest gegen den Blasflansch k drückt. Eine in diesen eingelassene Gummidichtung r gewährt

einen luftdichten Anschluß. Vorher wurde der Behälter von oben mit Kernsand
gefüllt. Durch Herunterziehen des Handhebels h wird die Druckluft in den Behälter gelassen und gleichzeitig die Ventilstange angehoben. Dadurch wird die
Düse im Blasflansch frei und der Sand wird in die Kernbüchse geschleudert. Beim
Wiederanheben des Hebels h schließt sich die Blasdüse wieder, gleichzeitig drehen
sich die Kratzflügel f und bewirken ein Zusammenstürzen des im Sande etwa entstandenen Hohlraumes. Durch Tritt auf einen Fußhebel sinkt der Arbeitstisch l
herunter, die Spannvorrichtung m löst sich und die gefüllte Kernbüchse kann abgenommen werden. Der Sandinhalt beträgt etwa 5 l;
er eignet sich hauptsächlich für kleine Kerne.

69. Die Rolff-Duplex-Preßluft-Kernblasmaschine
(vgl. hierzu „Die Gießereipraxis", 1937, Heft 37/38,
S. 370—373) ist in Abb. 135 schematisch dargestellt.
Es sind zwei gegenüberliegende Sandbehälter vorgesehen, von denen der eine mittels Füllbunker oder
einer ähnlichen Vorrichtung gefüllt wird, während der
andere sich in Betrieb befindet. Ein Unterbrechen
des Kernblasens wegen Auffüllen des Sandbehälters
tritt nur für ganz kurze Zeit ein. Das Charakteristische
an dieser Maschine ist, daß der Sand im Sandbehälter
verdichtet wird, bevor er von der Preßluft aus dem
Behälter heraus in den Kernkasten gedrückt wird und
daß die zum Herausschaffen des Sandes aus dem Sandbehälter in die Kernform dringende Preßluft gegen die
Wand des Behälters geführt wird. Dadurch wird der
Sand dauernd von der Wand gelöst. Es wird also ver-
hütet, daß die Preßluft durch die Sandsäule durch-
schlägt, ohne Sand mitzunehmen.

Auf der Grundplatte a ist die Säule b befestigt,
deren Kopfende die Traverse c mit dem Luftzylinder d
trägt. In diesem Zylinder wird der Kolben mit der
Druckplatte geführt und bewegt. Unterhalb der Traverse ist der Sandbehälter e schwenkbar um die Säule b
gelagert. An dem Boden des Sandbehälters ist ein
von Hand zu bedienender Schieber f angeordnet, mit
welchem die Sandaustrittsöffnung im Boden freigegeben und geschlossen wird. Der Auflagetisch g für
den Kernkasten h ist in der Grundplatte geführt und

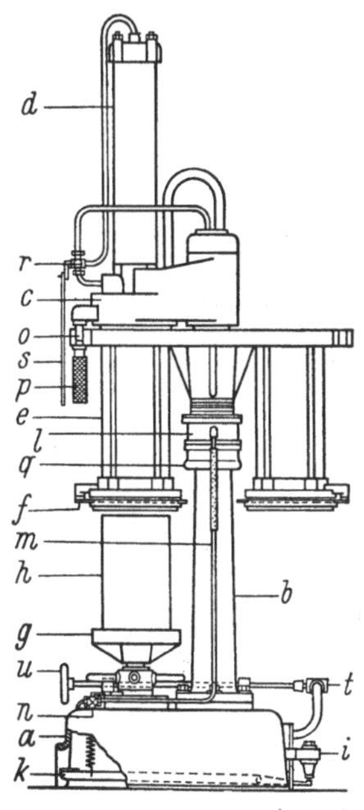

Abb. 135. Rolff-Duplex-Preßluft-
Kernblasmaschine (Frdr. Rolff, Berlin).
a = Grundplatte; b = Säule; c = Traverse; d = Luftzylinder; e = Sandbehälter; f = Schieber; g = Auflagetisch; h = Kernkasten; i = Fußventil; k = Fußhebel; l = Luftzylinder; m = Rohrleitung; n = Steuerventil; o = Anschlag; p u. q = Sicherungen; r = Steuerventil; s = Stange;
t = Hauptventil; u = Handrad.

kann in der Höhe doppelt (mit Gewindespindel oder Preßluftkolben) verstellt
werden. Das Anheben des Tisches mit dem Kernkasten gegen den Boden des
Sandbehälters erfolgt durch die Betätigung des Fußventiles i mit dem Fußhebel k.
Der unterhalb der Schwenknabe des Sandbehälters auf der Säule angeordnete
Luftzylinder l dient zum Anheben des Sandbehälters gegen eine in der Traverse c
vorgesehene Gummidichtung. Die Rohrleitung m und das auf der Grundplatte
aufgebaute Steuerventil n dienen zur Betätigung des Luftzylinders l.

Nachdem der Sandbehälter bis an den oberen Rand mit Sand gefüllt ist, wird
er unter die Traverse c eingeschwenkt, daraufhin wird das Steuerventil n geöffnet
und die in den Zylinder l einströmende Preßluft drückt den Sandbehälter gegen
die Traverse c des Säulenkopfes, womit eine Abdichtung des Sandbehälters nach
außen erreicht ist. In dieser Stellung wird der Sandbehälter durch die beiden
Sicherungen p und q gehalten und dann das am Kopf der Maschine befindliche

Steuerventil r mit der Stange s geöffnet. Die in dem Zylinder d geführte Kolbenstange drückt nun die Druckplatte auf den Spiegel des in den Behälter e eingefüllten Formstoffes und verdichtet letzteren stark. Nachdem nun noch das Hauptventil t mit dem Handrad u geöffnet ist, kann das eigentliche Formen beginnen und bis zur völligen Entleerung des Sandbehälters ist für die Folge nur das Fußventil für den Tisch und der Schieber an dem Boden des Sandbehälters zu bedienen.

Wenn der Sandbehälter leer ist, wird zunächst das Hauptventil t und dann das Steuerventil r geschlossen. Der Sandbehälter ist dann entlüftet, und die Druckplatte ist aus dem Behälter heraus in die Traverse der Maschine zurückgegangen. Nachdem nun noch das Steuerorgan n für den Luftzylinder l geschlossen ist, kann der Sandbehälter aus der Maschine herausgeschwenkt werden.

70. Bauformen der waagerechten Kernbläser. Der Kernbläser mit waagerechter Hauptachse, auf dem ohne weiteres Kerne aus beliebigen Sandmischungen, liegende sowohl wie stehende, hergestellt werden können, benutzt eine besondere Hülse, mit der eine gewisse Sandmenge aus dem drucklosen Vorratsbehälter ausgestochen und vor die Blasdüse gebracht wird. Der Inhalt dieser Hülse wird dann schußartig durch Druckluft in den Kernkasten geschleudert (Abb. 136). Nach Andrücken des

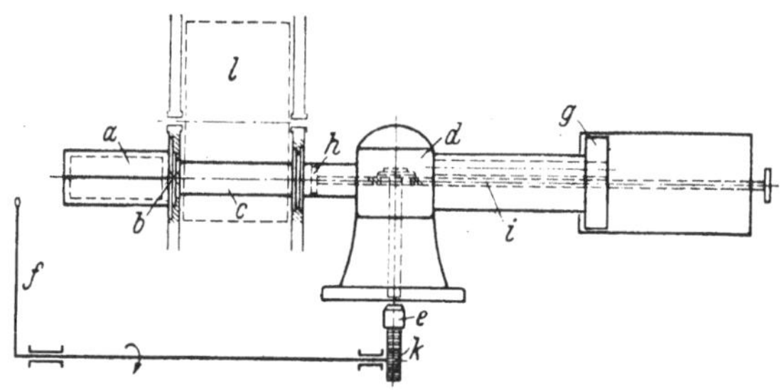

Abb. 136. Grundsätzliche Anordnung des Kernrevolvers.

a = Kernbüchse; b = Einschußöffnung; c = Sandpatrone; d = Lufteinlaßventil; e = Stößel zum Öffnen und Schließen des Ventils; f = Schußhebel; g = Preßkolben zum Vorstoßen und Zurückholen der Sandpatrone; h = Ausstoßscheibe; i = Ausstoßstange; k = Ritzel; l = Sandtrommel ohne Böden.

Kernkastens a an den Schußflansch b mit Hilfe von Druckluftkolben wird Druckluft hinter den Kolben g gegeben. Dadurch geht die Messingpatrone c von 110 mm Durchmesser und 400 mm Länge nach links, sticht aus dem Sandinhalt der Trommel l etwa 4 kg Sand aus und legt sich fest gegen die Gummidichtung an der Innenseite des auswechselbaren Schußflansches b. In dieser Stellung der Teile sind nunmehr Drucklufteinlaßventil d, Sandpatrone c und Kernbüchse a starr miteinander verbunden und die Ventilstange des Lufteinlasses d steht unmittelbar über dem Stöpsel e. Durch schnelles Hin- und Herdrehen des Handhebels f wird das Lufteinlaßventil d mit Hilfe des Ritzels k plötzlich geöffnet und wieder geschlossen, dadurch tritt die Druckluft schlagartig hinter die Sandfüllung der Patrone, der sie eine hohe Beschleunigung erteilt, so daß der Sand mit großer Geschwindigkeit in die Kernbüchse a eintritt, ohne sich mit Luft zu mischen. Die in der Kernbüchse vorhandene atmosphärische Luft tritt durch natürliche Undichtheiten aus, bei größeren Kernen werden dafür siebartige Öffnungen vorgesehen. Würde ein Luftsandgemisch eintreten, so würden mit Sicherheit die Kernbüchsen innen angefressen. Ist der Kerninhalt kleiner als der Patroneninhalt, so läßt man die Teile in der gezeichneten Stellung und bläst so viel Kerne nacheinander, bis die Sandmenge in der Patrone ungefähr verbraucht ist. Sind Kerne zu schießen von größerem Gewicht als 4 kg (Sandinhalt der Patrone), so läßt man die Patrone so oft von neuem füllen, bis der Kernkasten vollgeschossen ist. Beim Zurückgehen der Sandpatrone c stößt eine mittels i durch ein Handrad einstellbare Scheibe h etwa noch vorhandene Sandreste aus. Gleichzeitig wird durch ein Druckluft-Klinkgesperre die Trommel ruckweise ein Stück weiter gedreht. Dadurch stürzt der Sandinhalt zusammen, der durch das Eindringen der Patrone entstandene Hohlraum verschwindet wieder und ein vollständiges Füllen der Sandpatrone ist gesichert. Da der Sandbehälter l nicht unter Druck steht, kann dieser Kernbläser ununterbrochen arbeiten, was bei sämtlichen Bläsern mit senkrechter Achse, in deren Sandbehälter die Druckluft unmittelbar eintritt, nicht möglich ist.

71. Der Kernrevolver Abb. 137, dessen grundsätzliche Arbeitsweise soeben beschrieben wurde, ist der bisher einzige Kernbläser mit waagerechter Hauptachse. Er ermöglicht ohne weiteres ein ununterbrochenes Arbeiten sowie das Blasen großer Kerne. Die Sandtrommel h wird durch den Trichter f gefüllt, dem der Sand auch durch ein Förderband zugeführt werden kann. Das ruckweise Drehen der auf Tragrollen w ruhenden Trommel h bewirkt die Klinke k, die von dem Steuerzylinder t betätigt wird, wobei eine Gegenklinke x als Gesperre dient. Zum Befestigen der

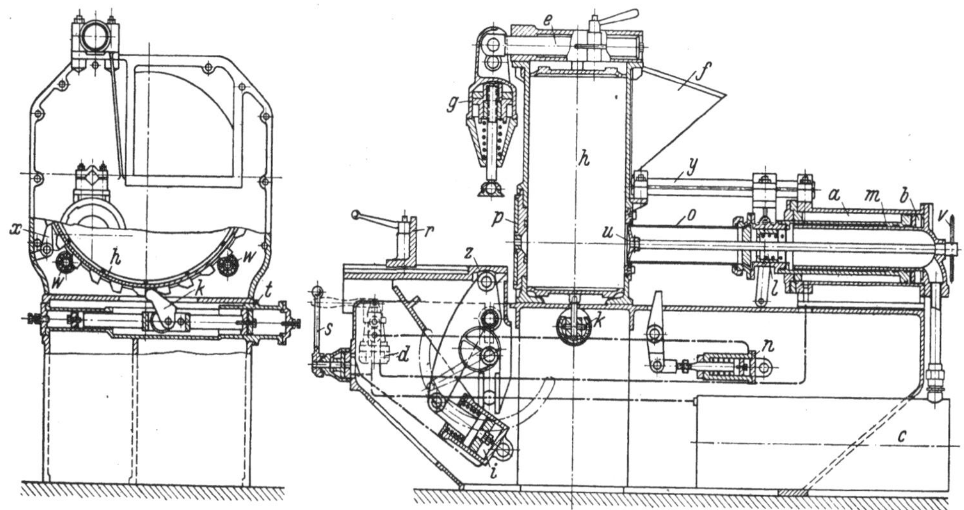

Abb. 137. Kernrevolver. (Albertuswerke, Hannover-Hainholz.)

a = Vorderer Druckzylinderraum; b = Hinterer Druckzylinderraum; c = Druckwindkessel; d = Steuerventil; e = Drehbare Aufhängung von g; f = Fülltrichter für h; g = Druckluftfestklemmzylinder; h = Sandtrommelbehälter; i = Unterer Festklemmzylinder, einstellbar; k = Klinkwerk für h; l = Schußventil; m = Druckluftzylinder; n = Steuerzylinder zum Betätigen von l; o = Sandpatrone; p = Schußflansch; r = Klemmplatte; s = Einstellhebel; t = Steuerzylinder für k; u = Ausstoßscheibe; v = Einstellung für u; w = Tragrollen für h; x = Gegenklinke für h; y = Führung für o; z = Kernbüchsentisch.

Kernbüchse wird der Arbeitstisch z mittels des Luftdruckkolbens in i so hoch gestellt, daß das Sandeinblaseloch der Büchse genau vor das Schußloch des Blasflansches p zu liegen kommt. Hierauf wird die Kernbüchse mit dem Klemmblech r fest gegen die Büchse gedrückt. Das Festklemmen von oben besorgt der Druckluftzylinder g, der an einer kräftigen Achse e pendelnd aufgehängt ist und dessen Kolbenstange unten ein Kugelgelenk-Druckstück trägt. So ist eine gute Anpassung an Größe und Außengestalt der Kernbüchsen erreicht. Die Sandpatrone o ist zusammen mit dem sie bewegenden Kolben nochmals außen an einer Prismenführung y genau waagerecht geführt. Das Schußventil l wird durch einen Druckluftzylinder n, dessen Kolbenstange auf einem Hebel wirkt, geöffnet. Von den beiden äußeren Steuerventilen dient d zum Vorschieben der Sandpatrone o und Betätigen des Schußventilzylinders n, während s den unteren Festklemmzylinder i beeinflußt.

Die Kernbläser haben allgemein die Herstellung der Kerne ganz erheblich verkürzt und vereinfacht. Dabei können Kernbüchsen aller Art aus Holz oder Metall benutzt werden. Kerneisen und Luftkanäle lassen sich ohne weiteres mit einblasen. Die Abmessungen der zu blasenden Kerne beim Kernrevolver sind theoretisch nicht begrenzt, denn die Sandpatrone kann für denselben Kern mehrmals gefüllt werden.

Die Grenze, bis zu der man dabei geht, ist aber wirtschaftlich gegeben. Sobald die Zeiten für Handherstellung und Blasen eines Kernes sich nähern, verliert letzteres seinen Vorrang. Wesentlich bei dieser Maschine ist, daß keine Druckluft in den Kernkasten kommt. Er bleibt praktisch drucklos und erleidet deshalb keinen Verschleiß. Eine dauernde Maßhaltigkeit der Kerne ist gewährleistet.

IV. Schlußbetrachtung.

Es ist leider nicht möglich, ausführlich auch auf die verschiedenen Modellplatteneinrichtungen [1] und Formmethoden einzugehen, wie sie z. B. bei Ofen-, Topf- und sanitärem Guß angewendet werden. Auf die Bauart der beschriebenen Formmaschinen haben diese Formeinrichtungen und -arten keinen Einfluß. Es sei z. B. an die Einrichtungen zum Herstellen von Zahnrädern großen Durchmessers gedacht. Bei ihnen wird ein Teilmodell des Zahnkranzes zum Einformen der Zahnlücken in den vorschablonierten Radumfang verwendet. Es ist an einem Arm befestigt, der um die Mittelachse des Rades unter Zuhilfenahme einer Wechselräderteilvorrichtung drehbar ist. Sie werden zwar als Formmaschinen bezeichnet, sind es aber in Wirklichkeit nicht. Es handelt sich bei ihnen vielmehr um eine besondere Art von Schabloniervorrichtung.

Es sei ferner an die Verwendung sogenannter Hartsandplatten und Vibratorrahmen gedacht, die besonders in der amerikanischen kastenlosen Formerei angewendet werden. Der Grundgedanke bei diesen Einrichtungen ist die in der Handformerei vorteilhaft angewendete Sparhälfte. Diese Arten von Modellplatten liefern ausgezeichnete, saubere Abgüsse, die kaum einer Verputzarbeit bedürfen, da Teilfugen fast nicht zu sehen sind. Eine für solche Arbeiten geeignete Formmaschine ist in Abschnitt 57 ausführlich behandelt worden. Man arbeitet mit diesen Hilfseinrichtungen sinngemäß wie mit den sogenannten Reliefplatten aus Aluminium. Da ihre Herstellungskosten jedoch wesentlich niedriger sind als die der Aluminiumplatten, machen sie sich schon bei einmaligen Aufträgen oder solchen kleinerer Stückzahlen bezahlt. Man kann jedoch auch auf die Formmaschinen verzichten und arbeitet vorteilhaft auf der „fahrbaren Formbank". Diese stabile Werkbank hat bequeme Arbeitshöhe und ihre beiden hinteren Füße haben Räder. Zu Beginn der Arbeit steht die Formbank am Anfang eines Sandschwadens (Abb. 110). In dem Maße, wie der Former den Sand aufarbeitet, schiebt er die Bank vor sich her, indem er sie an der Vorderkante anhebt. Zum Abblasen der Modelleinrichtung steht Preßluft zur Verfügung, an die man auch den Vibrator anschließt, wenn man mit Aluminiumplatten arbeitet. Das Ganze stellt eine Kreuzung von Hand- und Maschinenformerei dar. Manch schlechter Handformer kann auf diese Weise als guter Bankformer der Gießerei nutzbar gemacht werden. Trotz des primitiven Eindruckes, den diese Einrichtung erweckt, arbeitet man damit äußerst wirtschaftlich, weil man wenig investiert und dennoch ein verhältnismäßig gutes Ausbringen hat. Außerdem sind die Unterhaltungskosten äußerst niedrig. Auch hier kann man wieder beobachten, daß der Former durch unnötig lange Wege von der Maschine zum Abstellplatz und zurück nicht ermüdet werden soll.

Während man beim Bau von Formmaschinen auf die mechanische Sandverdichtung und Modellabhebung ganz besonders sein Augenmerk gerichtet hat, hat man die Frage des Abtransportes der fertigen, schweren Formen noch nicht genügend gelöst, abgesehen von nur wenigen Fällen und vom ausgesprochenen Fließbandbetrieb.

Da aber die Anwendung von Fließbändern nur bedingt möglich ist, sollten in Zukunft die Konstrukteure mehr als bisher diesem wichtigen Punkt Rechnung tragen, um den Maschinenformern auch mittlerer und kleinerer Gießereien die körperlich schwere Arbeit des Kastenabsetzens zu erleichtern.

---

[1] Siehe Werkstattbücher, Heft 37.

(Fortsetzung 4. Umschlagseite.)